KB104839

아빠가
육아휴직을
결정했다

입사 동기 부부 기자의
평등육아 에세이

아빠가
육아휴직을
결정했다

임아영·황경상 지음

북하우스

"아빠가 육아에 주체가 되어 동참하면 아이들은 잘 자란다. 어린 시절 아빠와 함께했던 추억과 친밀감이 없으면 나중에 아이들이 자랐을 때 사이가 서먹하기만 하다. 아이는 부모의 스승과도 같은 존재다. 아이를 있는 그대로 사랑하는 부모는 자기 내면의 억압된 감정을 대면하게 되고 두려움에서 사랑으로 가는 성장을 하게 된다. 이 책에서는 아직 우리 사회에서는 보편화되지 않은 육아휴직을 통해 낯선 육아의 세계에 들어간 아빠와 그 시간을 함께한 아내의 용기와 성장 이야기가 진솔하게 펼쳐진다. 두 아들을 키우는 고충과 기쁨을 편안하고 잔잔한 언어로 우리에게 알려주는데, 글을 읽는 내내 깊이 공감했다. 부모는 아이를 키우면서 자신의 어린 시절을 재경험한다. 아빠와 함께한 아이들도 행복하지만, 아빠도 아이에게 받은 사랑을 통해 자신이 누구인지를 알고 성장한다. "부모는 뒤에서 바라보는 따뜻한 존재가 되는 법을 배워야 한다." 이 한 문장은 이 책의 모든 것을 말해준다. 아빠가 육아휴직을 한 이후에 부부가 어떻게 서로의 마음을 이해하고 감사하게 되었는지에 대한 내용도 부부의 관계를 더 잘 이해하게 해주었다. 아이를 잘 키우고 싶은 직장인 부부라면 꼭 한번 읽어보면 좋겠다."

_ 최희수 푸름이교육연구소 소장. 《푸름아빠 거울육아》의 저자

"육아는 20년 이상의 마라톤이고 부모도 사람이라는 말을, 나는 늘 강조한다. 부모 역할을 하느라 몸과 마음이 한계에 다다르기 전에 미리 페이스를 조절하는 게 가장 중요하다. 이를 위해 가장 합리적인 선택은 부부 공동육아이다. 육아 마라톤을 인생의 동반자와 함께 뛰는 느낌을 받는 건 덤이다. 사이좋던 부부도 아이가 태어난 후 사이가 안 좋아지곤 하는데, 부부가 육아 동지가 되면 전우를 얻은 듯한 느낌을 받는다. 전쟁만큼 육아가 힘들다는 부분이 있지만 한편으론 육아는 기회이다. 몸으로 직접 뛰며 아이를 사랑하는 경험을 하다 보면, 그 이상의 사랑이 부모에게 돌아온다. 육아의 고충과 기쁨을 엄마만 느끼는 건 아빠 입장에서 정말 억울한 일이다. 아빠들은 적극적으로 그 기회를 잡아야 한다. 나를 포함해서 아이와의 관계라는 맛을 제대로 본 아빠들은 고충에도 불구하고 그 기쁨을 놓고 싶지 않아서 힘들어도 일과 양육을 병행하게 된다. 표면적으로 보면 가족을 위한 일 같지만, 이면을 잘 살펴보면 아빠 자신을 위한 일인 것이다. 아빠 육아의 최대 수혜자는 아빠 자신이다. 육아 휴직 등 전업 육아 기간을 고민하는 아빠, 부부 공동육아를 꿈꾸는 부모에게 이 책을 추천한다."

_ 정우열 정신건강의학과 전문의. 《육아빠가 나서면 아이가 다르다》의 저자

"아이와 함께하는 하루는 때론 지나치게 길다. 아이의 눈높이에 맞춰 놀아주는 30분은 종종 영원처럼 느껴진다. 그런데 왜 시간은 이렇게 빠르기만 한지. 늘 피곤한 눈을 비비며 그새 부쩍 자란 아이의 얼굴을 새삼스레 들여다볼 때면 마음이 복잡해진다. 기쁨과 아쉬움, 애틋함과 미안함, 대책 없는 낙관과 감출 수 없는 비관이 뒤섞이고, 편안하게 풀어지는 동시에 초조하고 다급해지는 희한한 마음. 아내와 내가 공유하지만 시시때때로 엇박자가 나고 마는 마음. 그게 바로 부모의 마음이라는 걸까? 하지만 2년 가까운 시간 동안 나는 그렇게 부르기를 주저해왔다. 그것은 여전히 내게 관용보다는 강요에, 양해보다는 핑계에 더 가까운 말처럼 느껴졌기 때문이다. 우리의 불안과 약함을 허울 좋은 말로 포장하고 정당화하고 싶지 않았다. 그런 마음이야말로 나의 아집에 불과하다는 사실을 이 책을 읽으며 깨달았다. 이 책은 담백하고 솔직한 글로 아이와 함께하는 생활의 즐거움과 어려움을 가감 없이 그려낸다. 상반된 감정 사이에서 매번 흔들리는 부모의 마음을 세심하게 들여다보는 그들의 글을 통해 나는 비로소 부모가 된 나와 아내를, 나아가 나의 부모를 조금은 이해할 수 있게 되었다."

_ 금정연 에세이스트. 《담배와 영화》, 《실패를 모르는 멋진 문장들》의 저자

일러두기

*본문에서 임은 임아영 기자(엄마)가 쓴 글이고, 황은 황경상 기자(아빠)가 쓴 글이다.

함께 누리는
돌봄의 행복

"엄마 우리 때메 힘들어? 왜 한숨 쉬어?"

아이들은 요즘 종종 이렇게 묻는다. 코로나19 확산 이후 아이들은 집 안에 갇혀 있다. 덩달아 우리 부부의 '돌봄의 무게'도 버거워졌다. 아이들이 어린이집과 학교에 다닐 때도 '임금노동'과 '돌봄노동'의 두 축을 조율하기 어려웠는데 코로나라니. 나도 모르게 한숨을 푹푹 쉬었나 보다. 그런데 아이들이 "엄마 우리 때메 힘들어?"라고 묻는 건 가슴 아팠다. 이제 제법 큰 아홉 살 첫째는 할머니에게 "애들 돌보기가 얼마나 힘든데요"라며 엄마가 짜증내는 것을 두둔했다고 했다. '어른스럽지 못하게 아이들에게 짜증이나 내다니. 아이들이 엄마에게 힘든 존재라고 생각하게 하고 눈치 보게 만들다니.' 엄마 자격이 없다.

'돌봄노동'이 싫은 게 아니다. 설명하기 참 복잡하지만 돌봄은 '싫은' 게 아니라 '힘든' 거다. 싫은 게 있다면 '엄마'인 내게 치우친 돌봄노동에 대한 편견이 싫은 거지 '돌봄'의 모든 게 싫은 게 아니다. 잠들기 직전 하루를 돌아보면 가장 행복했던 순간은 네 가족이 탁자에 앉아 일을 하고 그림을 그리고 숙제를 하던 짧은 시간이다.

2012년 첫 아이를 낳고 2016년 둘째 아이를 낳고 키우면서 주양육자는 '엄마'라는 세상의 시선과 싸워왔다. 같은 회사에 다니는 남편과 사는데도 왜 내게 더 많은 짐이 주어져야 하는지 이해할 수 없었다. 남편과 같은 해 입사해서인지 더 비교가 됐다. 때로는 결혼 제도에 들어온 스스로를 원망했다. 세상 사람들이 육아는 엄마의 일이라고 당연하듯이 말할 때 왜 엄마가 더 부담을 져야 하느냐고 되묻는 내가 오히려 외계인처럼 느껴질 때, 100년 전 버지니아 울프는 '자기만의 방'을 위해서 싸웠다는데 여전히 여성들에게 자기만의 방이 있는지 의심스러울 때, '이럴 줄 알았다면 아이를 낳았을까'라고 되물었다.

그즈음 남편이 육아휴직을 했다. 두 아이를 돌봐주시던 친정 엄마의 무릎이 탈이 났고 죄책감이 커져 정말 회사를 그만두고 싶을 때였다. 차라리 수많은 선배들처럼 '경력 단절 여성'으로 불리는 것이 마음 편하지 않을까 생각했을 때, 남편이 육아휴직을 했고 많은 것이 바뀌었다. 6개월은 길지 않은 시간이었지만 우리는 역할을 바꿀 기회를 얻었다. 나는 전일제 임금노동을 하고 남편은 육아를 전담하면서 우리는 처음으로 서로의 입장에서 보게 되었다. 처음 저출산고령사회위원회에서 육아휴직 이후 부부의 생각을 정리한 글을 써달라고 했을 때는 예상하지 못했다. 남편의 글을 보고 자주 울게 될 줄은. 둘 다 글을 쓰는 일을 하지만 한 주제에 대해 서로 다른 글을 쓰고 바꿔 읽어본 것은 처음이었다. 아이를 낳고 나는 오랫동안 '분노의 육아일기'를 써왔지만 나는 남편 글을 읽어보지 못했다. 한편 그만큼 세상은 육아에 대한 아빠들의 생각을 궁금해하지 않는다는 뜻이기도 했다.

'아빠가 슈퍼맨이라고 설명할 수 있으면 얼마나 좋을까.' 아이가 울며 어린이집에 가기 싫다고 하는데 억지로 떼어내고는 회사로 가면서 남편이 속으로 울음을 삼키는 장면을 읽을 때 나는 회사에서 일을 하고 있었다. 남편이 보내준 글을 읽다가 갑자기 눈시울이 뜨거웠다. '왜 이런 얘기를 하지 않았어.' 남편의 생각을 그제야 짐작하며 말이 많지 않은 남편이 속에 얼마나 많은 이야기를 담아뒀는지 알게 됐다. 놀이터에서 벌서듯 노는 아이를 기다리며 하루 1만 5000보를 걸었다는 남편의 이야기를 읽으며 생각했다. '왜 이 사회는 남편도 이렇게 주양육자 역할을 잘할 수 있는데 기회를 주지 않았을까.' 그제야 남편이 '동지'라는 생각이 들었다.

첫째를 키울 땐 남편이 늘 멀리 서 있는 것 같아서 외로웠다. 남편이 머리를 긁적거리며 '내가 할 수 있는 건 없잖아'라는 태도로 서 있을 땐 방관하는 것 같았다. 아마 남편이 육아휴직을 하지 않았다면 이 생각을 바꾸지 못했을 것이다. 이 책은 서로의 역할을 바꿀 기회를 얻은 부부의 생각과 감정의 기록이다. 이 책을 함께 만들며 내 피해의식도 조금 사그라들었다. 남편이 복직한 후 둘째 아이는 "아빠, 회사 안 가면 안 돼?" 묻기 시작했다. 늘 내게 묻던 질문이었다. 남편의 복직 후 우리 둘 다 회사를 다니는 지금 둘째 아이는 번갈아 묻는다. "엄마, 오늘 회사 가?" "아빠, 오늘은 일찍 와?"

내년이면 결혼한 지 만 10년이 된다. 가부장제의 정점일지 모르는 결혼 제도에 덜컥 들어와 아이 둘을 낳고 기르며 시간이 훌쩍 흘렀다. 가끔은 결혼을 후회한다. "당신이 적극적으로 내 짐을 덜어주려고 노력하지 않으면 아마 난 이 생활을 견뎌내지 못할 거야." 그러나 내가 분투한 만큼 남편도 분투했을 것이다. 내가 페미니스트로서 부들부들 분노할 때 남편이 자신을 바꿔왔기 때문에 지금 우리의 모습이 가능했다는 것을 안다. 여전히 세상은 많은 부분이 엄마 몫이라 말하지만 '돌봄'이 얼마나 가치 있는 일인지 남편과 이야기 나눌 수 있어서 고맙다. 그래도 아빠들도 돌봄노동을 수행하고 돌봄의 행복을 누릴 수 있는 사회를 만들어야 한다고, 한쪽에 치우쳐 있는 돌봄에 대한 부담을 부모가 함께 나눠야 좀 더 좋은 사회가 될 수 있을 것이라고, 사회가 부모들에게 이 평범한 기회를 줘야 한다는 이야기를 전하고 싶다. 늘 좀 더 평등한 관계를 맺기 위해 노력했던 남편에게 감사하다.

지난 7월 초 아버님께서 돌아가셨다. 우리 가족 모두 힘든 여름을 지나 어렵게 일상으로 돌아왔다. 이제 아버님이 안 계신 일상으로. 삶은 언젠가 끝을 맺는 것이라는 것을 눈앞에서 지켜봤다. 역설적으로 하루하루를 잘 살아야 한다고 다짐한다. 한 선배는 위로의 문자를 보내줬다. "시간이 지나면 슬픔도 힘이 되기도 합니다. 두 사람이 슬픔을 이긴 힘으로 두 아들을 잘 키우면 아버님도 먼 곳에서 흐뭇해하실 겁니다. 우리는 모두 그렇게 아버지가 되고 어머니가 되나 봅니다." 대단한 부모가 될 자신은 없다. 다만 남편과 평범한 하루하루를 충만하고 평등하게 채워가는 인생을 살고 싶다. 아이들이 그 모습을 보고 더 충만하고 평등한 삶을 일궈가는 힘을 기를 수 있도록. 뜬금없이 첫째가 말했다. "엄마 고마워, 내 옆에 있어줘서." 아이에게 힘줘 말했다. "아니, 엄마가 더 많이 고마워. 너희들이 있어서 엄마가 더 좋은 인생을 살게 됐어."

차례

3장 하루하루를 충만하고 평등하게

1장
아빠도 육아의 절반을

임

:

이제야 우리가
함께 육아를 한다는
생각이 든다

2012년 12월 3일, 우리는 부모가 되었다. 첫아이를 낳고는 '멘붕'의 연속이었다. 아이를 낳은 건 분명 남편과 나인데, 어느 순간 친정엄마와 아이를 기르고 있다는 생각이 들었다. 그럴 때면 우리는 다퉜다. 그러나 할머니가 아이를 봐줄 수 있는 게 복 받은 상황이라는 사실을 되새기며 가랑이가 찢어지지 않기 위해 달리고 또 달렸다.

2016년 둘째 아이가 태어났고 나는 두 번째 육아휴직을 했다. 2년이라는 시간 동안 온몸으로 아이를 기를 때 외로웠다. 온 사회가 '아이는 엄마가 기르는 것'이라고 말하는 것 같을 때면 소리 내어 울었다. 회사와 아이들 사이에 아슬아슬하게 끼어 있다는 생각과 함께 친정엄마가 힘들어하시는 모습을 볼 때면 분노의 화살이 남편을 향했다.

처음부터 그랬던 것은 아니다. 첫아이를 임신했을 때만 해도 남편과 출산부터 육아까지 모든 걸 함께할 수 있을 줄 알았다. 수중분만을 할 수 있는 병원을 찾은 이유이기도 했다. 수중분만은 남편이 뒤에서 아내를 안은 자세로 출산의 순간을 함께 겪으며 진통을 하고 아이를 낳는다. 남편과 출산부터 함께하고 싶었지만 바람은 이뤄지지 못했다. 예정일이 임박했던 어느 날 새벽, 아이의 심장박동 소리가 잘 들리지 않았고 결국 응급 수술을 했다. 그동안의 바람과 달리 혼자 수술대에 누워 제왕절개를 했다. 마취 직전 서늘한 수술실 기운에 손발이 떨렸다. 남편이 손이라도 잡아줬으면 좋겠다고 생각하던 차에 마취약이 들어왔고 정신을 잃었다. 그 시각 남편은 수술실 밖에서 안절부절 기다릴 수밖에 없었다.

애초에 '함께 육아'라는 건 너무 원대한 꿈은 아니었을까. 임신 후 배가 부르자 사람들은 간혹 이렇게 말했다.

"아이는 엄마가 키워야 잘 크지, 아이들은 엄마를 더 많이 찾으니까."

두려웠다. 아이가 나를 더 많이 찾을까 봐. 그래서 더 안간힘을 썼는지도 모르겠다. 남편과 뭐든지 함께하겠다고. 같은 회사 입사 동기인 남편과 나는 지금까지 크게 다르지 않았는데, 아이를 낳은 뒤 서로의 처지가 달라질까 두려웠다. 임신과 출산이 내 인생을 어떻게 변화시킬까 두려웠다.

아이를 낳기 2주 전쯤 출산휴가에 들어갔을 때였다. 아이가 크다며 걱정하던 의사는 계단을 많이 올라가라 했다. 중력의 힘으로 아이가 많이 내려올 수 있도록. 출산휴가 중이었던 겨울날 내 옆에서 함께 계단을 올라가주던 사람은 친정엄마였다.

옆에 있고 싶어 했던 남편의 바람과 달리, 그는 출산의 순간에도 수술실 바깥에서 기다려야 했고, 출산 후에도 내내 내 옆을 지키기가 쉽지 않았다. 남편의 출산휴가는 3일뿐. 회사에 간 남편 대신 내 옆에 있어준 사람도 친정엄마였다. 아이를 키우는 내내 그랬다. 남편은 항상 최선을 다했지만 육아의 공백을 채우는 것은 남편이 아니라 늘 친정엄마였다.

친정엄마는 집에서 '두 회장님'이라고 불린다. 두씨라는 희귀성을 가진 엄마는 나와 남동생, 나의 아들들인 2명의 손자와 사위, 그리고 자신의 남편까지 총 6명의 직원(?)을 전적으로 돌보는 회장님이다. 돌봐야 하는 식구가 한둘이 아닌 엄마가 지난겨울 많이 아팠다. 어깨, 무릎, 치아까지.

엄마가 하루에 병원을 3곳이나 다닌다는 얘기를 듣고서 괴로웠다. 내 아들들이 우리 엄마의 무릎을 축낸 것만 같아서. '할머니 육아가 5년을 넘어섰는데 탈이 나는 게 당연하지.' 그렇게 생각하는 한편, 커가는 아이들이 부모와 함께 있는 시간을 원할 때면 질문이 올라왔다. '도대체 나는 왜 회사를 다니는가.' 답을 찾을 수 없을 때마다 내가 일하는 이유를 하나둘씩 지우기 시작했다.

계속 이렇게 살 수는 없었다. 고민 끝에, 꼬여 있는 많은 문제들을 풀 수 있는 방법을 찾았다. 친정엄마가 무릎을 돌볼 시간이 생기고, 초등학교에 가는 첫째가 안정적인 정서적 환경에서 학교생활에 적응하도록 도와주고, 34개월밖에 안 된 둘째가 안아달라고 할 때면 언제든 안아줄 수 있는 방법. 남편이 육아휴직을 하기로 결정했다.

2019년 3월, 남편이 드디어 육아휴직을 시작했다. 며칠 전 둘째의 코감기가 심해 자다가 계속 기침을 하고 조금 토를 했는

꿈꾸는 형제들

첫째와 둘째가 키즈카페에서 장난치고 있다. 꿈꾸는 표정이다.
두 아들을 키우는 동안 사회는 주로 엄마에게 시간을 내라고 했고
그럴 때마다 아빠는 어정쩡하게 서 있게 될 때가 많았다.
그 시간에도 아이들은 자랐다.

데, 나도 모르게 "다행이다"라는 말이 흘러나왔다.

"애가 아픈데 뭐가 다행이야?"

남편은 놀라서 물었다.

"내일도 열나면 어린이집 못 갈 텐데, 남편한테 안심하고 맡기고 갈 수 있잖아. 엄마한테는 미안했지만 당신한테는 미안하지 않아도 되잖아. 그래서 다행이라고."

남편이 고개를 끄덕였다. 이제야 우리가 함께, 제대로 육아를 한다는 생각이 든다.

황

：

내가 꼭
있어야 하는 자리

아이를 키우면서 잊히지 않는 장면이 몇 개 있다. 그중에서도 첫째가 어렸을 때 겪었던 일이 가장 기억에 남는다. 그날따라 녀석은 새벽같이 일어나 놀아달라고 했다. 신나게 놀다가 어느새 출근해야 하는 시간이 됐다. 엄마 아빠와 함께 현관문을 나서는 것까진 좋았다. 어디 나들이라도 가는 기분이었던가 보다. 그런데 1층에서 출근하는 엄마와 헤어지려는 순간, 녀석은 "가기 싫어. 집에 가자~"라고 외치며 엉엉 울기 시작했다.

금방 그칠 줄 알았는데 울음소리는 점점 더 거세졌다. 나 역시 바로 출근을 해야 해서 어쩔 수 없이 가까이 사는 장모님께 어린이집 등원을 부탁드려야 했다. 어린이집까지는 아이와 같이 손잡고 걸어가면 5분도 안 걸리는 거리였다. 한 손으로 녀석을 들쳐 안고 한 손으로는 어린이집 가방을 들고 식은땀을 흘리며 장모님댁으로 갔다. 가는 동안 녀석은 "엄마한테 가자. 저쪽으로 가자~" 하면서 동네가 떠나가라 울어댔다. 마치 유괴범이라도 된 기분이어서 우는 아이를 달래며 짐짓 "아빠가… 아빠가…"를 강조했다. 짧은 시간이 영원처럼 느껴졌다.

녀석은 점점 더 크게 울었다. 몇 번이나 멈춰 서서 '그냥 돌아갈까' '회사에 얘기하고 오전만 잠시 봐줄까' 하고 고민했다. 그러다 마침 출근하시던 어린이집 선생님과 마주쳤다. 사정을 설명하자 선생님이 말씀하셨다.

"어차피 늘 그러셔야 하잖아요. 안타깝더라도 어쩔 수 없다는 걸 단호하게 보여주는 수밖에 없어요."

고개를 끄덕였다. 울음소리는 더 커졌고 마음은 더 아팠지만 장모님께 아이를 맡기고 꾸역꾸역 돌아섰다.

마음이 허했다. 대체 얼마나 중요한 일을 한다고 아이를 이렇게 떼놓고 가야 하는 걸까. 물론 내가 서 있는 자리가 얼마나 소중하고 고마운 자리인지도 안다. 내 일을 한다는 것, 생계를 이어나간다는 것의 중요성도 안다. 그럼에도 아이를 맡기고 돌아서는 그 순간에 나는 삽으로 밥을 퍼먹고, 정작 숟가락으로는 흙을 푸는 멍청한 사람이 된 느낌이었다.

문득 그런 생각이 들었다. 서럽게 우는 아이를 억지로 떼놓고 가야 할 때, 이런 말이라도 할 수 있으면 좋지 않았을까 하는.

"아빠는 세상을 구하는 일을 하러 떠나야 해. 지구를 지키려면 아빠가 없어서는 안 돼. 네가 힘들겠지만, 세상 사람들을 위해 조금만 참아줘. 지구를 구한 뒤 금방 돌아올게."

그렇게 말할 수 있었다면 죄책감이 좀 줄어들었을까.

내가 없으면 안 되는 일, 내가 꼭 있어야만 하는 자리는 많지 않다. 해도 해도 허랑한 일들, 매일 반복해도 아무것도 바꾸지 못하는 일들, 내가 없어도 되는 자리와 잘 굴러가는 일이 더 많다. 그걸 위해서 아빠가 너를 두고 간다는 말은 차마 하지 못할 것 같았다. 그나마 회사에서 널 생각할 때마다, 너를 떼놓고 나온 게 부끄럽지 않도록 더 의미 있는 일을 하려고 애쓴다는 정도는 억지로 짜내서라도 말해줄 수 있을 것 같긴 한데….

물론 아이는 이튿날이면 또 언제 그랬냐는 듯 출근하는 엄마 아빠와 잘 헤어졌다. 잘 가라고 하이파이브도 했다. 선배들의 말에 따르면, 아이들이 조금만 더 크면 혼자 있는 시간을 더 좋아한다면서 부모가 늦게 들어오길 바란다고도 했다. 아마도 아주아주 잠시 동안만 아이는 내 품이 필요할 것이다. 그래도 그날 아이가 울던 모습은 한동안 뇌리에 남았고, 지금까지도 잊히지 않는다.

육아휴직에는 여러 이유가 있었다. 첫째가 처음으로 학교에 가는 시기가 됐다. 수줍음 많은 녀석이 마음에 품고 있는 것을 학교에서 잘 펼칠 수 있도록 도와주고 싶었다. 두 손자의 말썽 탓에 요즘 부쩍 힘들어 보이시는 장모님의 짐도 잠시나마 덜어드리고 싶었다. 마음속 깊은 곳에 남아 있던 그날의 기억도 한몫한 게 아닐까 싶다. 부모와의 시간을 그렇게 갈구하는 아이들인데, 언젠가는 좀 더 여유를 갖고 아이들과 함께 시간을 보내야겠다는 생각이 그날 이후로 머릿속에 각인됐다.

첫째 때는 남성 육아휴직이 지금만큼 공론화되지 않은 시기였다. 출산 뒤 홀로 육아휴직을 하고서 분투하는 아내를 보면서도, 최대한 함께하려고 노력은 했지만 내가 육아휴직을 하는 건 상상조차 하지 못했다. 회사는 남성 육아휴직이 상대적으로 자유로운 편이지만, 그래도 운을 떼기가 쉬운 일은 아니었다. 휴직

무렵에는 규칙적으로 야근과 휴일 근무가 돌아오는 팀에 있었는데, 내가 빠지면 새로 인원이 채워질 때까지 다른 팀원이 내 차례를 메워야 했기에 미안하기도 했다. 꽤 오랫동안 계획한 일이었지만 막상 날짜가 다가오고서야 육아휴직이 실감이 났다.

영화 〈어바웃 타임〉에서 인상적인 장면이 하나 있었다. 이제 다시는 과거로 돌아가 아버지를 만날 수 없다는 사실을 알게 된 주인공이 마지막으로 아버지와 함께 어린 시절로 돌아가 즐거운 한때를 만끽하는 장면이다. 아버지와 어린 아들은 해변을 미친 듯이 뛰어다니며 논다. 특별할 것도 없는 그 장면을 보면서 많이 울었다. 앞으로 주인공은 아버지와의 추억을 밑천 삼아 인생을 견뎌나가지 않을까.

그 해변의 놀이처럼, 아이들과의 순간은 매우 짧다. 매 순간 순간이 마지막이기 때문이다. 그 시간은 어떻게 해도 돌아오지 않는다. 늘 우리는 아침에 만나 저녁에 이별한다. 그리고 다음 날 아침에 만난 녀석은 어제의 녀석이 아니다. 매일 아침 '지금 너를 만나러 여기에 왔어'라는 심정으로 살 수 있다면 아이들에게 좀 더 좋은 아빠가 될 수 있을 텐데. 현실은 잘 놀아주지도 못하고, 늘 윽박지르기나 하는 데다 참을성도 없는 부족한 아빠이지만.

언젠가 아이가 물어본다면 이 짧은 육아휴직 덕에 그나마 이렇게라도 대답할 수 있을 것이다. 아빠는 늘 너희와 시간을 더 보내려고 노력했다고, 어린 시절의 너희와 보냈던 시간이 인생에서 가장 행복한 순간이었다고 말이다.

임

⋮

둘이라서
괜찮아

첫아이가 처음 하는 일은 내게도 보통 처음이다. 아이가 초등학교에 간다면 초등학교 학부모는 처음이듯이. 둘째를 낳고서 알게 됐다. 두 번째부터는 마음이 훨씬 유연해지고 편안해진다는 것을. 둘째를 어린이집에 처음 보낼 때도 미안하고 안쓰러웠지만 첫째 때만큼은 아니었다. 첫째가 어린이집에 가던 날은 정말 펑펑 울었다. 어떤 연애의 끝보다 슬프게. 둘째 때는 그러지 않았다. 아이가 어린이집에 적응할 거라는 사실을 경험으로 알았고, '안쓰러움'에도 어느 정도 적응했기 때문일 것이다.

'초보'가 어려운 이유는 모든 게 처음이기 때문이다. 앞으로 어떤 일이 펼쳐질지, 펼쳐진 일이 감당 가능할지 예상하기 어렵다. 혼자 겪어야 하는 일은 그나마 다행이다. 그래도 어른이니까. 하지만 아이와 함께 겪어야 하는 일은 부담스럽다. 부모가 되고 보니 가장 힘든 일은 아이가 어려움을 겪는 모습을 곁에서 지켜보는 일이었다. 지난 겨우내 첫째가 초등학생이 된다는 게 걱정스러웠던 것도 내성적인 아이 성격에 학교생활을 즐거워할지, 한국의 공교육 시스템에 적응할 수 있을지, 하는 고민 때문이었다.

다행스럽게도 3월 한 달을 보낸 결론은 '할 만 했다'이다. 아이는 학교생활에 잘 적응해나갔고, 나도 아이가 한국의 공교육 시스템에 들어간 첫 달을 잘 보냈다. 우리 둘 다 초보 부모지만 남편과 내가 육아를 분담했기에 가능했다. 아빠도 육아휴직을 할 수 있는 회사 덕분이기도 했고, 남성 육아휴직을 독려하는 사회 인식과 분위기 변화 덕분이기도 했다.

3월 한 달은 학교에서 각종 행사가 쏟아졌다. 말 그대로 '쏟아졌다.' 3월 4일 입학식부터 학부모 공개수업, 학부모 총회, 1학기 상담, 반 모임까지. 나 혼자서 모두 소화해야 했다면 적어도 3~4일은 휴가를 내야 했을 것이다. 다행히 입사 10년 근속 휴가가 있어 입학식이 있던 날부터 5일 동안 아이와 함께 시간을 보낼 수 있었다. 5일 내내 학교 준비물 준비, 방과 후 수업 등록 등을 하면서 여유롭게 첫 주를 보냈다. 휴가를 쓰지 못했다면 퇴근하고 부랴부랴 이것저것 챙기느라 분주했을 것이다.

3월 둘째 주부터 육아휴직에 들어간 남편은 첫째의 입학식을 함께했고, 공개수업과 상담을 맡았다. 나는 학무모 총회 때만 반차를 썼다. 주로 엄마들이 오는 반 모임은 다행히 저녁 시간으로 잡혀 퇴근 후 갈 수 있었다. 그동안 갈 수 없었던 둘째의 어린이집 행사에도 남편이 갔다. 지난해 내내 '열린 어린이집' 행사에 참여하지 못해 둘째에게 가졌던 미안함을 어느 정도 만회할 수 있었다.

회사에서 일하고 있는 오후, '어린이집 알림장' 알람이 울린다. 둘째의 하루를 엿볼 수 있는 시간이다. 어린이집 알림장 앨범 속 34개월 둘째는 치안센터 앞에서 아빠 손을 꼭 붙잡고 있었다. 그동안은 한두 달에 한 번씩 열리는 '열린 어린이집' 행사에 참여하는 것이 쉽지 않았다. 아이가 둘이다 보니 어린이집, 유치원, 학교 행사가 여러 개 잡히면 우선순위를 정해야 했다. 행사 때마다 연차를 내기가 쉽지 않으니 말이다. 남편에게 메신저로 수업이 어땠느냐고 물으니 "이준이가 손을 놓지 않더라"라는 답이 돌아왔다. 아빠 손을 꼭 잡고 치안센터 앞에서 포즈를 취하고 있는 둘째 사진을 보며 나도 모르게 혼잣말을 내뱉었다. "다행이다."

아이가 초등학교에 입학하면서 '경단녀(경력 단절 여성)'가 가장 많이 생긴다던데, 입학 직후부터 그 말이 피부에 와닿았다. 우선 첫 3주간은 학교에서 단축수업을 했다. 돌봄교실이 있지만 선착순 추첨에서 떨어지는 맞벌이 부부들이 적지 않다. 만약 남편이 육아휴직을 하지 못했고 돌봄교실에도 떨어진 상황이라면 그 3주 동안 단축수업이 끝나는 오후 12시 40분까지 매일 누가 아이를 데리러 갈 수 있단 말인가.

하교하는 아이를 데리러 가는 남편은 퇴근 후 돌아온 내게 말했다.

"오늘 1만 5000보를 걸었어."

그다음 날도 말했다.

"오늘은 2만보 가까이 걸었어."

남편의 일과는 이랬다. 오전 8시 40분, 두 아이를 데리고 집을 나서 학교-어린이집 코스로 데려다준다. 오후 12시 40분, 첫

아빠와 아들들의 아침

매일 아침 다같이 나와 엄마는 회사로 가고
아빠는 아들들을 학교와 어린이집에 데려다준다.
아이들을 데려다주는 남편의 뿌듯한 뒷모습을 아내가 찍었다.

째 학교에 가서 방과 후 수업이 시작될 때까지 놀이터에서 노는 아이를 지켜보며 기다리다가 다시 집에 돌아온다. 오후 3시, 방과 후 수업이 끝나는 시간에 맞춰 첫째를 데려온다. 오후 3시 30분, 어린이집에서 둘째를 데려온다.

말로는 간단하지만 잘 걷지도 못하는 둘째, 호기심 많은 첫째를 데리고 학교와 집, 어린이집과 집 사이를 하루에도 몇 번씩 왕복하는 일은 고되다. 누군가는 이렇게 말했다.

"애들은 편도지만 부모는 왕복이야."

회사에 있는 나는 집에 있는 남편이 초등학교를 왔다 갔다, 어린이집을 왔다 갔다 하는 모습을 상상할 때면 기분이 묘했다. '나도 매일 했던 일인데 뭐 그렇게 힘들어' 싶다가도 '그때 왔다 갔다 너무 힘들었지. 남편도 고생하네' 했다가.

여러 부수적인(?) 효과도 있다. 남편의 눈으로 아이를 볼 수 있게 된 거다. 남편이 첫째 아이 공개수업에 참석한 것은 처음이었다. 어쩌다 보니 첫째의 유치원 3년 동안 공개수업은 모두 내가 참여했다. 그래서인지 남편은 아이가 수업을 듣는 모습을 보고 약간 충격을 받은 모양이었다. 아이가 수업에 약간 집중하지 못하는 모습을 보고 놀랐던 것이다.

그러나 남편이 보내준 아이의 영상을 보고, 지난 3년을 아는 나는 그동안 아이가 많이 컸다고 생각했다. 다섯 살 때보다, 일곱 살 때보다 훌쩍 큰 아이의 모습을 보고 뭉클했다. 충격을 받은 남편에게 "아이는 잘 크고 있어. 유치원 때보다 훨씬 의젓해졌네" 하고 말해주었더니 그제야 남편도 안심했다. 우리는 얼마나 각자의 눈으로만 세상을 보는지. 부부 사이도 마찬가지다.

뿌듯한 순간도 있었다. 남편이 첫째 담임 선생님과 상담을 하고 돌아와서 그 내용을 요약한 글을 보고서였다. 상담 전 "내가 간 것처럼 들려줘야 해"라는 나의 신신당부 때문이었겠지만 남편은 정말 꼼꼼하게 상담 내용을 적어 왔다. 거기엔 선생님의 말씀으로 이런 말이 적혀 있었다.

"집에서 아버지 어머니가 아이의 질문을 가볍게 여기지 않고 대화를 잘해준 것 같다는 느낌을 받았다."

항상 남편과 함께 육아를 하려고 노력해왔기 때문일까. 선생님은 그런 의도로 하신 말이 아니겠지만 그동안의 노력을 인정받는 느낌이었다.

모든 건 해봐야 가늠할 수 있다. 남편의 육아휴직과 함께 초등학생 초보 부모 3월 한 달 분투기, 할 만했다. 그러나 남편과 같이할 수 없었다면 괴로웠을 것이다. 둘째의 어린이집 선생님은 알림장에 이렇게 적어주었다.

"우리 이준이가 양치질 시간에 '아빠가 사준 거예요'라고 말하면서 칫솔을 보고 좋아했어요. '엄마는?'이라고 물으니 '엄마는 물통을 사줬어요'라고 대답하더라고요. 또 이준이가 '아빠는 칫솔을 사줘서 멋져요'라고 하기에 다시 '엄마는?'이라고 묻자

'엄마도 멋져요'라고 말해주었어요."

아이의 말에 엄마 아빠가 모두 등장하는 것이 정말 기쁘다. 요즘 퇴근길은 예전보다 더 발걸음이 빨라진다. 집에는 아이들과 아이들을 돌보는 사랑하는 남편이 있으니까.

황

:

'아빠'라는
작은 히어로

"뛰어! 뛰어!"

아침부터 달린다. 아직 덜 풀린 다리가 진짜 풀려버릴 것 같다. 오늘도 아침부터 밥도 안 먹고 옷도 안 입으려는 두 녀석을 데리고 실랑이를 벌이다 학교로 출발하는 시각이 늦어졌다. 마음이 급한데 터덜터덜 따라오던 첫째가 투정을 부린다.

"아빠, 힘들어. 천천히 가!"

"네가 준비를 늦게 해서 그렇지! 벌써 8시 50분이야. 지각하겠다."

속은 부글부글 끓어오르는데 남들 볼까 봐 화도 못 낸다. 그저 구겨진 얼굴을 애써 펴고 첫째의 등을 토닥인다. 그 와중에 둘째는 온갖 사물에 관심을 보인다. "아빠, 저건 뭐야?" "응, 강아지들을 맡겨두는 곳이야." 첫째도 한몫 거든다. "우와, 아빠! 여기 피자집이 맥주에 치킨집으로 바뀌었어!" 그때 눈앞에 이삿짐을 나르는 차가 지나가고 다시 둘째가 소리친다. "와, 사다리차다! 보고 싶어! 멈춰, 멈춰!" 요즘 사다리차에 푹 빠져 있는 둘째가 가만있질 못한다.

처음에는 양쪽으로 두 녀석의 손을 잡고 걸어 다녔는데, 둘째가 내 손을 잡아끌고 하도 이리저리 제멋대로 다니려고 해서 등교 시간이 고무줄처럼 늘어났다. 고육지책으로 뒤에서 미는 세발자전거에 둘째를 태워 다니기 시작했다. 속도는 나는데 오르막이나 계단, 턱이 많아 자주 휘청휘청한다. 자전거를 미느라 첫째의 손을 잘 잡아주지 못하는 것도 마음에 걸린다.

오늘도 허둥지둥 교문에 들어서서 첫째를 배웅했다. 내가 멀어질 때까지 몇 번이고 들어갔다 나왔다를 반복하면서 손을 흔들다가 사라지는 녀석의 작은 등을 바라보면 한 달이 지난 지금도 여전히 콧날이 시큰해진다. 학교라는 작은 사회에 첫발을 내딛은 것이 대견하기도 하고, 한편으론 안쓰럽기도 하다. 녀석도 낯선 환경이 힘들었는지 입학 첫 주에는 열감기에 걸려 결석까지 했다.

두 녀석을 학교와 어린이집에 보내고 집에 돌아오면 잠시 여유가 생긴다. 직장 동료나 친구들은 육아휴직에 응원을 보내주면서도 오전 시간은 잠시 쉴 수 있지 않느냐며 내심 부러워하기도 했다. 하지만 그 여유란 게 여유롭지만은 않다. 도리어 이 시간에 마음이 더 급해진다. 아이들이 없는 시간에 해야 할 일이 많기 때문이다. 눈에 밟히는 집안일도 한두 가지가 아니다.

이불 빨래를 널다가 베란다 바닥에 살짝 스쳤더니 시커먼 검댕이 묻어난다. 몇 달 동안 한 번도 청소를 하지 않은 탓이다. 대충 걸레로 닦으려다 잘 닦이지 않아 결국 물청소를 했다. 냉장고에는 2018년, 심지어 2016년에 유통기한이 끝난 냉동 생선과 언제 넣었는지도 모를 누렇게 변색된 미역이 똬리를 틀고 있었다. 곰팡이가 생긴 가래떡과 마늘도 꺼내 버렸다. 화장실 변기에는 솔질로도 잘 닦이지 않는 곰팡이가 석 달째 방치돼 있었다. 사놓고 넉 달째 먹지 않았던 크림스파게티 소스가 눈에 띄어 냄새를 맡아보니 다행히 상하진 않았다. '그래, 오늘은 이걸 먹어야겠다.' 그러다 보면 어느새 아이들을 데리러 가야 할 시간이 된다.

보통 아내가 가던 학부모 상담도 이번엔 내가 가기로 했다. 선생님께 무슨 말을 해야 할지 아내와 상의 끝에 몇 가지를 적어서 스마트폰에 저장해두었다. 드디어 학부모 상담이 있는 날, 아직 시간이 되지 않아 학교 운동장에 서서 몇 번이고 스마트폰 속 메모를 읽어보는데 도통 머리에 남질 않았다. 교실 앞으로 가니 가슴이 쿵쾅쿵쾅 뛰었다. 입사 면접 이후 이렇게 긴장된 건 처음이었다. 살짝 교실을 들여다보니 선생님은 계시는데 약속한 시간까지는 아직 여유가 있어 괜히 방해해선 안 될 것 같고…. 두어 차례 망설이다 조심스레 노크를 하고 들어갔다.

먼발치에서는 다소 엄한 인상 같았는데 가까이서 뵈니 달랐다. 선생님은 따뜻한 눈빛으로 쭈뼛쭈뼛하는 아빠를 맞아주었다. 아이가 내성적인 성격이라 걱정했는데, 학교에서 의사 표현도 잘하고 혼자서 자기 물건도 잘 챙긴다고 얘기해주셔서 안심이 됐다. 다만, 아직 글씨를 쓰거나 줄을 긋거나 하는 것이 느리니 집에서 많이 도와주라고 했다. 아직 1학년이니 아이들과 잘 노는 것 외에 다른 중요한 게 없다는 선생님 말씀에 많이 안심이 됐다.

"나중에 크면 아빠랑 자주 대화를 나누는 아이들이 많지는 않아요. 그래도 어렸을 때 아빠랑 시간을 많이 보내고 대화를 자주 한 아이들은 중요한 일이 있으면 꼭 아빠랑 상의하더라고요."

선생님은 요즘 아빠들이 육아휴직하는 모습이 좋아 보인다고 덧붙였다.

"네, 저도 잘될지는 모르겠지만 선생님이 말씀하시는 그런 아빠가 된다면 성공이라고 생각합니다."

의기충천하게 하루를 시작하지만 좋은 아빠 되기가 쉽지만은 않다. 초등학교 입학 후 처음 3주 동안은 단축수업을 해서 방과 후 수업 시작까지 1시간이 비었다. 놀이터에서 뛰노는 아이들을 지켜보며 1시간을 서 있자니 좀이 쑤셨다.

"1시간 동안 벌서는 것 같지 않나요."

놀이터에서 만난 한 엄마가 웃으며 그렇게 말했다. 정말 그랬다. 3월인데 날씨는 왜 이렇게 추운지, 얇은 옷을 입고 나갔다가 벌벌 떨기도 했다.

"아직까지 롱패딩은 필수라니까요."

정말 그랬다.

그냥 있기 뭣해 아이들과 놀아주기 위해 놀이터에 섰다. 어색하게 발걸음을 이리저리 뗐더니 아이들은 나를 '적'이라고 부르면서 낄낄대며 도망친다. 아이들에게는 악당을 물리치는 게 세상에서 제일 재밌는 놀이다.

좀 신나게 놀아주려는 찰나, 첫째 녀석이 나를 물리친다며 내 머리에 모래를 뿌렸다. 온몸에 모래가 다 들어갔다. 흥이 식은 것은 물론 순식간에 울화가 치밀었다. 사람들이 많아서 화도 못 냈다. "그러지 마, 인제 아빠 안 해" 하면서 놀이터 바깥으로 나와 바닥에 털퍼덕 앉았는데, 어쩐지 창피했다. 아이들과 노는 것도 훈련이 안 돼 있었던 셈이다. 신문에 나오는 다른 아빠들을 보면 정말 잘 놀아주던데….

자책도 오래 할 수는 없다. 아직까지 이 작은 녀석들의 우주에서 내 존재는 비중이 크다. 작은 돌멩이 하나라도 주워주면 신나 어쩔 줄 모른다. 둘째에게 아빠는 아직까지 '신'이다. 어느 흐린 날, 둘째가 말했다.

"아빠, 비 못 내리게 해줘!"

"아빠도 그럴 수 있으면 좋겠는데…. 그건 할 수가 없어."

녀석은 "힝!" 하면서 발을 구른다.

첫째에게 컴퓨터로 로봇을 조작하는 아주 기초적인 코딩을 알려줬더니 "우와" 하면서 탄성을 지르곤 시간 가는 줄 모르고 몰두한다. 둘째에게는 막 피어오르는 새싹을 보여주고 만지게 해줬더니, 어느 날 저 혼자 새싹을 보고 "새싹 예쁘다!"라고 말한다. 장난감 지게차나 소방차를 만들어주면 "아빠 멋지다!" "고마워!"를 연발한다.

'아빠'라는 작은 히어로

형제는 아빠를 괴롭히며 깔깔깔 웃는다.

아이들에게는 악당을 물리치는 게 세상에서 제일 재밌는 놀이다.

아이들의 웃음과 아빠의 괴로운 표정이 교차되는 순간을 포착했다.

새싹보다 예쁜 아이들을 껴안고 잠자리에 들면 달콤한 냄새가
난다. 하루를 돌아보다 오늘도 아이들에게 잘못한 것들만 생각나
또다시 자괴감에 빠졌다. 난 아빠가 될 자격이 없는 게 아닐까, 괜
히 감당하지도 못할 아이들을 낳은 건 아닌가. 그러다 곁에 있는
아이들의 작은 손을 가만히 잡으면 다시 마음이 편안해진다. 이
손을 잡고 오래오래 걸을 시간이 아직은 많이 남았다.

임

⋮

훌륭한 아빠,
당연한 엄마

남편과 나는 2008년 함께 회사에 입사했다. 흔한 연애 레퍼토리처럼 입사 동기가 친구가 되었고, 친구가 연인이 되어 부부가 됐다. 일한 지 만 11년, 결혼한 지 만 8년. 사내커플이니 "남편이랑 같은 회사에서 일하면 불편하지 않아?"라는 질문을 자주 받는다. 항상 하는 대답은 이렇다. '좋은 것도 있고 안 좋은 것도 있다.'

생각만큼 불편하지는 않다. 가끔 이어폰 같은 걸 집에 놓고 오면 급하게 빌려 쓸 수도 있어서 편하고, 출퇴근길에 회사 일을 상의할 수 있는 좋은 친구가 있는 것도 좋다. 우리는 밤에도 맥주 한잔 하며 회사 이야기를 나눈다. 늘 "이제 회사 얘기 말고 다른 얘기 하자"라고 말하면서도 남편과 회사 얘기를 나누는 것은 즐겁다. 내 일에 대해 온전히 공유하고 있는 사람과 심도 있는 이야기를 나눌 수 있으니까.

물론 괴로울 때도 있다. 성별로 인한 사회적 역할을 되새길 수밖에 없는 상황에 놓일 때다. 결혼 초반에는 이런 일도 있었다. 남편과 함께 회사 엘리베이터에 탔는데 한 선배가 내게 물었다.

"밥은 해주나?"

당황했다. 신혼 초, 우리는 번갈아가며 아침밥을 했으니 내가 하는 날도 남편이 하는 날도 있었다. 결혼 전 우리는 성별에 따라 다른 역할이 있다는 식으로 서로를 가두지 말자는 약속도 했다. 나는 남편에게 생계부양자의 역할을 강요할 생각이 없으니, 남편도 내게 가사노동과 육아를 더 많이 하라고 말하지 말라는 약속이었다. 선배의 질문은 그런 사정을 알 리 없는 사람의 별 뜻 없는 질문이었을 테지만 내 표정은 이미 굳어졌다.

"제가 왜 밥을 해줘야 되죠?"

말투도 매끄럽지 못했다. 다행이라 해야 할까. 선배는 내 반문에 웃음을 터뜨렸다. 그 이후로 선배는 우리를 보면 남편을 향해 물었다. "밥은 해줬어?" 이제 웃으면서 이야기하는 에피소드다.

사람들은 장난을 섞어 집요하게 물어왔다. 남편 역할, 아내 역할을 하느냐고. 우리는 서로를 남편의 역할, 아내의 역할로 국한하지 않았지만 밖에서 우리의 약속은 별로 소용이 없었다. 남편은 적극적으로 육아를 하고 가사노동을 분담하는 것만으로도 '훌륭한 아빠'가 됐다. 우리 아버지마저도 육아휴직한 남편을 이렇게 말하지 않았나.

"황 서방이 고생하네."

두 아이를 돌 지날 때까지 독박육아로 키운 내게는 하지 않았던 말이다. 몸으로 낳고 몸으로 키웠던 2년을 떠올리면 지금도 가끔 아득하다. 혼자 잠들지도, 혼자 먹지도, 혼자 씻지도 못하는 존재들 앞에서 무력했던 마음들이 떠올라서. 하지만 '엄마'는 그 정도는 당연하게 해내야 '엄마'가 된다.

"아빠, 이거 내가 다 했던 일이야. 심지어 황 서방은 겨우 6개월밖에 안 해. 6개월이라고요."

"그래도 다른 남자들이랑 비교해봐라."

그 말에 결국 발끈했다.

"왜 남자들하고 비교를 해요? 이 일을 당연하게 하고 있는 여자들하고 비교해야지."

회사 사람들은 가끔 내게 걱정하듯 말한다. "경상이가 술을 못 마셔서 답답하겠다"라고. 처음에는 "집에서 많이 마셔요"라고 웃으며 대답하다가 이제는 나도 기술이 생겼다.

"선배는 제가 술을 못 마시고 있는 건 안 보여요?"

그 뒤에 더 하고 싶은 말은 참는다. '우리는 열심히 함께 육아를 하려고 노력하고 있어요. 별 뜻 없이 던지는 말들이 노력하는 우리에게 상처가 돼요.'

같은 회사 같은 연차의 남편. 남편은 항상 노력했지만 그 노력과 별개로 이 구조는 때로 내게 상처가 됐다. 모두들 엄마가 하는 것은 당연하다고 말하고, 아빠가 하는 것은 대단하다고 칭찬하니까. 그래서 나는 가끔 칭찬받는 남편을 질투하기도 했다.

언젠가 이런 질문을 받은 적이 있다. 엄마가 된 이후의 모든 어려움에도 불구하고, 성취감을 느낄 때는 언제냐고. 생뚱맞게도 나는 '시민'이라는 단어가 떠올랐다.

"제가 일해서 제가 번 돈으로 아이들을 기를 수 있는 평범한 시민으로 사는 게 소중한 것 같아요."

왜 '시민'이라는 단어가 떠올랐을까. 어쩌면 이 사회가 과연 엄마를 시민이라고 생각하는지 묻고 싶었는지도 모르겠다. 이제 좀 더 정확히 말할 수 있다. 사회는 '엄마'라는 존재에 이중적 태도를 보인다. '엄마'는 모성의 위대함으로 추앙받지만, 철저히 사적 공간에 있는 존재다. 나는 사적 공간에 남아 '엄마'라는 역할만 하고 싶지도, 모성으로 추앙받고 싶지도 않았다. 평범하게 일하고 아이들을 기르고 싶었다. 다른 아빠들이 그러듯이 말이다. 일을 하고 돈을 벌고 아이들을 기르는 평범한 삶. '엄마' 말고 내 이름으로 불릴 수 있는 평범한 삶.

많은 선배 여성들이 이 '평범한 삶'을 지켜내기 위해 버텨냈다. 남성들이 야근하듯이 야근하고, 남성들이 경쟁하듯이 경쟁하며 버텨냈다. 그러기 위해 '엄마'라는 사적 공간의 일을 다른 사람에게 맡겼다. 그러나 다른 사람에게 맡기면 이 문제가 해결되는 걸까. 그럼 아이들은 누가 기르나. 깨달았다. 내가 남자처럼 바깥일을 하기 위해 애쓸 것이 아니라 남성이 여성의 영역으로 들어와 함께해야 이 문제가 풀릴 수 있다는 것을. 모두가 엄마가 되면 된다. 부모가 함께 해야 아무도 주저앉지 않을 수 있다.

이제는 차별적인 말, 남편과 나를 성별의 틀로 가두는 말을 가만히 듣고만 있지는 않는다. '당신 말은 틀렸다'고 면전에서 말하지는 못하는 '쫄보'지만, 차분하게 생각을 정리한 후 '그건 잘못된 말'이라고 정정할 수 있는 힘은 얻었다. '엄마들 다 하는 당연한 일을 하면서 투덜댄다'는 평가에 억울할 때도 많지만 남편과 최대한 육아를 나누고 함께하고 싶다. '훌륭한 아빠, 당연한 엄마'가 아니라 '모두'가 함께 아이를 키우길 바라는 간절한 마음으로.

황

⋮

대단한 일이
아니라
당연한 일

둘째 아이의 어린이집에서 동네 치안센터를 방문하는 작은 행사를 열었다. 아이들에게 우리 동네에 어떤 일을 하는 분들이 계시는지 알려주는 일종의 작은 현장학습이다. 어른들 입장에서는 별것 아니지만, 아이들에게는 경찰관을 만나는 것 자체가 신나고 설레는 일이다. 행사 진행을 도와줄 부모를 모집한다기에 나도 신청했다. 육아휴직을 하니 이런 행사도 참여할 수 있어서 좋다.

시간에 맞춰 어린이집으로 가서, 아이들과 함께 손을 잡고 나와 치안센터로 향했다. 한 손에는 둘째의 손을, 다른 손에는 다른 아이의 손을 잡고 걸었다. 햇볕은 따스하고 평화로웠다. 5분 정도의 짧은 거리였지만 아이들과 함께여서 조심조심 천천히 걸었다. 조그만 아이들이 행렬을 지어 나름대로 질서 있게 인도를 가득 메웠다.

처음에는 별로 의식하지 못했는데, 가만 둘러보니 성인 남자는 선생님까지 다 포함해도 나 혼자뿐이었다. 다른 아이들은 모두 엄마와 함께였다. 그걸 의식하고 나니 길을 지나가면서 나를 보는 사람들의 시선도 예사롭지 않게 보였다. 그저 무심결에 바라본 거였을 텐데도 뭔가 따가운 시선이 느껴지는 것만 같았다. 잘못한 것도 없는데 괜히 몸이 움츠러들었다. 느린 이동 속도 탓에 이 상황을 빨리 벗어날 수도 없어서 더욱 몸 둘 바를 몰랐다.

저출생이 문제가 되면서 아빠가 아이를 돌보는 일, 나아가 남성 육아휴직에도 많이 너그러워진 분위기다. 아주 오래전, 한 선배가 아이를 돌보기 위해 어쩔 수 없이 휴직을 해야 한다고 상사에게 말했더니 이런 대답이 돌아왔다고 했다.

"마침 우리 집이 자네 집과 가까운 곳에 있잖나. 우리 집사람이 자네 아이를 함께 돌봐줄 수 있다고 하니 휴직은 하지 말게."

그런 시대가 있었다. 남자가 육아에 시간을 쏟으면 쓸데없고 한심한 일이라고 생각하던 시절이. 선배의 상사 역시 몹시 가부장적인 사고에 머물러 있었지만, 본인 나름대로는 후배에게 굉장한 배려를 해주겠다고 마음먹은 셈이다.

선배는 진지한 고민 끝에 상사의 배려를 정중히 거절하고 휴직을 했다. 하지만 막상 휴직에 들어가서도 무춤한 순간이 많았다고 했다. 놀이터에 엄마가 아니라 아빠가 나오는 걸 사람들이 이상하게 생각했다고 한다. 뭐 하는 사람인지 하도 궁금해서 '학생'이라고 둘러댄 것도 여러 번이라고 했다.

그때에 비하면 요즘의 인식은 많이 나아졌다. 아이들을 등교·등원시키다 보면 아이들의 손을 잡은 다른 아빠들과 심심찮게 마주친다. 하지만 그렇다고 해서 남성 육아휴직이 흔하고 쉬운 일은 아니다. 최근에 육아휴직을 한 다른 선배는 아이들과 놀이터에 있다가 한 아이에게 이런 질문을 받았다고 했다.

"아저씨는 뭐 하는 분이기에 이렇게 낮에 일을 안 해요?"

내가 육아휴직을 한다는 사실이 알려지자 한 친구는 이런 메시지를 보내왔다.

"우리 회사는 남자 비율이 낮긴 하지만, 몇 년 전에 전 직군에서 남자는 1명만 육아휴직을 썼어. 한국 직장에서 아직은 용기가 많이 필요한 일인데 멋지다. 아들 녀석들한테 의미 있고 기억되는 시간이 되길 바란다."

무척 고맙고도 힘이 되는 메시지였다. 한편으론 그 친구 역시 육아휴직을 쓰고 싶었는데 그러지 못했다는 아쉬움이 행간에 묻어나기도 했다. 무탈하게 육아휴직을 할 수 있었던 나는 운이 좋은 편에 속했다.

고용노동부의 '출산 및 육아휴직 현황' 통계에 따르면 2019년 남성 육아휴직자 수는 2만 2000여 명에 이른다. 2010년 800여 명이었던 사실을 감안하면 10년이 안 된 사이에 28배 가까이 늘어난 셈이다. 그럼에도 여전히 남성이 육아휴직을 하거나 아이를 돌보기 위해 시간을 쏟는 일은 한국 사회에서 '별스러운' 일이다. 그 때문에 육아휴직을 하는 남성들은 주변에서 과도한 상찬의 대상이 되기도 한다. 나 역시 많은 분들에게 분에 넘칠 만큼 많은 격려를 받았다. 아이의 친구 엄마들도 내게 "대단하시다"라는 말을 자주 해주신다.

지금은 과도기라고 볼 수 있지만, 남성 육아휴직이 '대단한 일'이 되어서는 안 된다. 내 아이를 내가 키우는 일이고, 당연히 함께해야 할 육아의 몫을 나누어 감당할 뿐이다. 물론 나도 가끔은 이런 생각이 든다. '이만큼 했으니 아내가 인정해주겠지?' '한국에서 그래도 나만큼 하는 남자도 없지 않나?' 그렇게 생각했다가 아내의 "당연한 일 하는데 칭찬받으려고 하지 마!"라는 반응에 상처를 입기도 하지만, 또 어느새 금방 알게 된다. 나는 어떤 대단한 일을 하고 있는 게 아니라, 그저 당연히 해야 할 일을 하고 있을 뿐임을.

얼마 전, 초등학교에 들어간 첫째의 반에서 단체 생일파티가 있었다. 아내가 일이 있어 내가 참석하게 됐는데 그 자리에도 남자는 나 하나뿐이었다. 어쩌면 불편했을지도 모를 텐데, 엄마들은 그 자리에 온 불청객 아빠를 따뜻하게 맞아주었다.

"아휴, 정말 일하는 게 낫지… 애들 키우는 거 진짜 힘들어요."

이야기를 듣다 보니 맞장구칠 일도 많았다.

"애들 보면 얼마나 화를 낼 일이 많은지… 근데 그럴 일은 없으시죠?"

어느 엄마의 말에는 웃으며 대답했다.

"아뇨, 저도 얼마나 화를 많이 내고 소리를 지르는데요."

늘 자제하려고 노력하면서도 결국 아이들에게 화를 낼 때마다 자괴감이 들었는데, 엄마들을 만나고 나서 조금은 위로가 됐다. 우리는 그저 아이를 키우는 동지일 뿐이었다. 엄마들이 느끼는 힘든 점도 육아를 오로지 혼자서만 짊어지는 데서 오는 스트레스가 큰 것 같았다. 남성들이 육아휴직을 쓰는 게 보편화되고 아이들을 키우는 데 절반의 몫을 하는 게 당연한 사회 분위기가 된다면, 아이를 낳고 키우는 일이 적어도 지금보다는 덜 두렵고 덜 힘든 일이 되지 않을까.

어린이집 선생님은 치안센터 방문 행사 후 아이의 알림장에 이런 글을 남겨주셨다.

"등원하고서 '아빠랑 경찰관 보러 가요'라고 말하면서 즐거워했어요."

아이는 어린이집에서 칭찬을 받을 때면 곧잘 "아빠가 집에서 가르쳐줬어요"라고 말하는 모양이다. 내가 여태껏 이룬 성취 중 그 어떤 것 이상으로 감격스러웠다.

앞서 상사의 만류에도 불구하고 육아휴직을 했던 선배는 그때 아이들에게 간식을 만들어주고 함께 보냈던 시간이 지금 와서 몹시 소중하게 느껴진다고 했다. 더 많은 아빠들이 육아휴직을 통해, 혹은 육아에 쏟는 시간을 통해 이런 기쁨을 느껴야 하지 않을까. 그럴 수 있는 사회 분위기와 시스템이 하루빨리 갖춰지길 간절히 바란다.

임

:

좋은 사람이
되고 싶다

첫째를 낳고 돌이 될 때까지 자주 상상했다. 잠이 들었다가도 엄마 몸에서 떨어지기만 하면 울어버리는 아기를 두고 집 밖으로 나서는 상상이었다. 그 상상 뒤에는 늘 죄책감이 따라왔다. 아이를 낳기 전에는 몰랐다. 아이들은 엄마 몸에 의지해 산다는 것을. 너무 피곤해서 눕고만 싶은데 아이들이 달려들 때, 주말이면 나도 조금쯤은 쉬고 싶은데 아이들이 매달릴 때면 "제발 혼자 좀 있자!" 하며 소리치는 날도 있었다.

어느 여름날 일요일, 소파에 앉아 책을 읽는데 아이들이 다가와 찰싹 달라붙었다.

"엄마, 나도 책 읽어줘요."

왼쪽 어깨에 기대는 첫째와 등 뒤에 매달리는 둘째. 24킬로그램이 넘은 여덟 살 첫째와 14킬로그램이 넘은 만 35개월 둘째가 한여름의 거실에서 몸에 달라붙으니 무겁고 더웠다. 점점 무게가 늘어나는 아이들의 몸에 눌릴 때면 가끔은 정말 아플 때도 있다. 그날은 나도 모르게 "그만 좀!" 하며 소리를 쳤다. '엄마 갑자기 왜 그래…' 하듯 상심한 표정의 아이들에게 미안했다가도 조금은 후련했다. '엄마도 혼자 있고 싶어. 엄마도 홀로 있는 존재라는 걸 되새기고 싶어.' 아이들이 알아듣지 못할 말도 해버리고 싶지만 꾹 삼켰다.

엄마가 되고서는 늘 혼자 있고 싶었다. 사람들 틈에 있어야 에너지를 얻는 외향적인 성격이지만 아이들의 옆에 있는 것은 달랐다. 아이들은 엄마 몸에 뿌리를 내리듯 의지해왔다. 엄마 몸에 발 하나라도 닿아야 안심이 된다는 듯이, 자는 나를 더듬 어가며 곁에 엄마가 있는지 없는지 확인하는 아이들 덕분에 밤 잠을 설치면서 좀비가 되어갔다. 그러다 깨달았다. 엄마가 된다 는 것은 '보이지 않는 끈을 사이에 두고 아이들과 연결되는 것 이구나.' 아이들에게 에너지를 얻기도 했지만 그만큼 에너지를 빼앗기는 것 같았다.

그런데 이상하게도 막상 혼자 있게 되면 아이들이 애타게 보 고 싶었다. 내 안테나가 아이들의 안위 걱정을 벗어나지 못하는 느낌. 안고 부비고 싶은 존재들이 무겁게만 느껴졌다가도 혹시 나 멀어질까 다시 두려워지는 마음.

둘째가 아직 어려서 네 식구 모두 함께 자고 있지만, 첫째가 초등학생이 되자 잠자리에서 독립시켜야 할 것 같아 아이에게 물었다.

너는 언제쯤 혼자 자고 싶어?"

"엄마, 난 혼자 자기 싫어."

의존적인 아이가 되면 어쩌나 짐짓 걱정이 됐다.

"그래도 언젠가 혼자 잘 수 있어야 해. 엄마가 항상 같이 자줄 수는 없는 거야."

아이는 잠시 생각하더니 말했다.

"그럼 고학년이 되었을 때."

"고학년은 몇 학년인데?"

"10학년!"

그 말에 풋, 웃음이 나왔다.

이 얘기를 동네 엄마에게 전했더니 이런 말이 돌아왔다.

"고1까지 같이 자겠다는 얘기네요."

순간 변성기의 수염 난 소년이 떠올라 또 풋, 웃음이 나왔다.

물론 그 소년이 엄마와 함께 잠들려고 하지는 않겠지만.

아이들을 어린 시절부터 따로 재울 수도 있었다. 그런데 그러고 싶지가 않았다. 맞벌이하는 부모와 함께 사는 아이들이 그나마 엄마 아빠의 품을 느낄 수 있는 시간은 '자는 시간'뿐이다. 하루 종일 엄마 아빠 없이 지내다 겨우 밤에 만나는데, 자는 시간마저 혼자 두고 싶지 않았다. 자고 있는 내게 발차기를 하거나 등 밑에 발을 집어넣는 등 기술(?)을 시전하는 아이들에게 자다가도 벌떡 깨 "제발!"을 외친 적도 있지만, 그래도 잠결에 아이들을 안아보는 시간이 너무 소중했다. 자다 깬 새벽, 고운 아이들의 얼굴을 만져보다 혼자 운 날도 있었다. 커버리는 게 아까워서, 아쉬워서. 정말 이상하다. 이 변화무쌍한 감정은 도대체 무엇인가. 버겁고 아깝고 소중하고 부담스럽고 잃어버릴까 두려운 이 감정들 말이다.

얼마 전부터 첫째는 잠자리에서 내 팔베개를 거부하기 시작했다.

"엄마, 불편해."

팔베개 없이는 잠들지 못하던 아이가 이제 팔베개를 하면 불편하다고 한다. 늘 왼쪽 팔엔 첫째, 오른쪽 팔엔 둘째를 장착(?)하고 잤는데. 그렇게 자면 알 수 없는 뿌듯함이 차올랐는데. 방전되는 휴대폰이 충전되는 것처럼 90퍼센트, 95퍼센트, 99퍼센트, 100퍼센트가 된다고 생각했는데. 아이가 내 팔에서 떨어져 혼자 베개를 베고 자기 시작하다니. 팔도 마음도 허전했지만 잘 자라고 있다는 건강한 신호이기도 했다. 이제 혼자 잘 때가 되었다고 생각한 게 언제였냐는 듯 그 건강한 신호조차 아쉬워서 아이의 손을 더 꼭 잡고 잠을 청했다.

그렇게 조금씩 내 몸에서 분리되길 원하는 아이들은 이제 곧 자기 혼자 설 것이다. '얼른 커라, 얼른 커라' 했던 시절이 그립거나 그 바람이 원망스러운 날들이 곧 올 것이다. 아이를 키우며 늙어가는 삶이 이런 것인지 잘 몰랐다. 괴롭다는 생각이 들어도 아이들을 생각하면 마음을 다스리게 된다. '내가 이렇게 생각하면 안 되지. 힘을 내야지.' 부모님을 사랑하는 마음과도 남편을 사랑하는 마음과도 결이 다른 이 마음. 아이들을 생각하면 갑자기 세상이 따뜻해진다. 아이들의 부드러운 볼에 뽀뽀를 하는 상상만으로도 눈물이 난다. 먼 훗날 이 시절을 그리워하며 많이 울 것을 안다. 그래서 현재를 사는 사람이 되고 싶다. 오늘 하루를 충만하게 사는 사람.

아이들에게 고맙다. 아이들은 나를 현재를 사는 사람으로 만들어주었다. 이제야 나는 이 세상에 발 딛게 된 기분이 든다. 아이들에게 좋은 어른이 되어주고 싶다. 가끔 예상하지 못하던 순간에 "엄마 사랑해요"라고 말하는 아이들, 연두색 새싹처럼 여리지만 그 어떤 색깔보다 예쁜 아이들의 유년, 그 유년을 바라보는 나와 남편의 젊음. 이런 장면들이 모여서 인생이 될 것이다. 좋은 사람이 되고 싶다. 정말로.

황

:

아이들에게
배우는 게
더 많은 아빠

요즘 첫째는 안녕달 작가의 그림책에 푹 빠져 있다. 《수박 수영장》 《메리》 등 어른이 봐도 가슴이 뭉클한 그림책이다. 아이의 등굣길을 함께하면서 안녕달 작가의 책에 대해 한참을 신나게 이야기했다.

"아빠가 학교 도서실에서 보니까 안녕달 아저씨가 쓰신 다른 책도 있더라고. 이따 빌리러 가자!"

"작가님이 책을 한 권만 쓰는 게 아니라 여러 권도 쓴다고?"

"그럼. 작가는 여러 권을 쓰기도 하지. 안녕달 아저씨도 한 권만 쓰셨을 리가 없지."

"근데, 아빠. 안녕달 작가님이 아줌마인지 아저씨인지 모르잖아."

순간 뒤통수가 얼얼했다. 왜 나는 안녕달 작가를 당연히 남자, 아저씨라고 생각했을까. 책에도 간단한 소개 외에는 성별을 알 수 있을 만한 다른 정보가 없었다. 당연히 여성일 수도 있는데 무의식적으로 남성이라고 생각해버렸다. 아이는 그런 내 고정관념을 단숨에 깨주었다.

"아, 맞다. 그래, 그럼 우리 그냥 작가님이라고 부르자."

그렇게 말하고서도 괜히 머쓱했다. 나중에 작가 인터뷰를 찾아보니 정말 여성이었다. 아이의 말이 맞았다. 아이들을 키우면서, 생각지도 못한 것들을 매일매일 배우고 깨닫는다.

집 주변 곳곳에는 형형색색 다양한 종류의 꽃들이 피어 있다.

그전에는 그 꽃들의 이름을 알지도 못했고 관심도 없었다. 그저 봄이 되면 꽃이 피나 보다 싶었다. 하지만 아이들은 그런 꽃도 그냥 지나치지 못한다. 바람이 불어 벚꽃이 눈처럼 흩날리자 둘째가 말했다.

"아빠, 꽃잎이 아프면 어쩌지?"

길거리에 굴러다니는 꽃잎을 보는 아이 눈빛에 걱정이 가득하다.

아이들에게는 꽃잎 하나, 풀잎 한 줄기, 나무 한 그루도 다 소중하다. 소중한 것에 이름이 없을 수 없다. 이름을 알려줘야 하는데 나도 어떻게 할 도리가 없다. 모르기 때문이다. 궁리를 하다 떠오른 게 포털사이트 애플리케이션에서 제공하는 인공지능 렌즈 기능이었다. 사진을 찍으면 그 꽃과 유사한 꽃을 백과사전에서 찾아 보여주는데, 제법 정확하다.

제비꽃, 꽃잔디, 데이지, 애기똥풀… 집 주변에 이렇게나 다양한 꽃들이 있다는 사실을 나도 처음 알았다. 아이들에게 하나하나 꽃의 이름을 말해주면 아이들은 이름을 불러보며 즐거워한다. 아파트 울타리를 이루는 나무도 그저 다 사철나무라고 생각했는데 아이는 그중에 생김새가 조금 다른 나무를 가리키며 이름을 알려달라 한다. 사진을 찍어 검색해보니 쥐똥나무라고 나왔다. 그때부터 우리는 "이건 사철나무, 이건 쥐똥나무" 하며 구별하면서 다닌다.

아이들이 놀이터에 수두룩하게 떨어져 있는 작고 동그란 나무열매를 모으면서 좋아하기에 확인해보니 메타세쿼이아 열매였다. 이것도 처음 알았다. 천지 사방에 떨어져 있어도 이름을 모르면 없는 거나 마찬가지다. 아이가 그 바짝 말라버린 나무열매를 땅속에 심기에 "그건 심어도 싹이 안 나, 이미 씨는 다 날아가버린 거야"라고 말했더니 같이 놀던 아이의 친구가 이렇게 말한다.

"아니에요. 영혼이 깃들어 있을 수도 있잖아요."

세상 만물을 그렇게 소중하게 생각하는 법을 다시 나는, 이 나이에 배운다.

나무열매를 모으고 그걸로 요리까지 만들면서 신나 있는 아이들을 데리고 집으로 돌아가는 일은 쉽지 않다. 오랫동안 아이들을 데리고 밖에 서 있는 게 힘들기도 하고 지루하기도 해서 이제 그만 들어가자고 타이르니 함께 놀던 다른 친구가 말했다.

"아저씨는 어렸을 때 많이 놀았잖아요. 우리한테는 왜 그래요?"

말문이 막혔다. 그 말을 듣고 생각해보니 내가 어렸을 때는 밖에서 정말 많이 놀았다. 지금 우리 아이들은 실내에서 놀 때가 많다. 아이들에게 미안해졌다.

아이들이 말하는 걸 들으면 언제나 놀랍다. 지난겨울 어느 날에는 첫째가 눈이 내리는 하늘을 향해 손바닥을 펼치더니 이렇

삼촌과 손 잡고 걸어가는 둘째

하나뿐인 삼촌이 둘째의 손을 잡고 첫째를 데리러 가고 있다.

삼촌은 첫째가 태어났을 때부터 종종 육아에 도움을 주곤 했다.

어릴 때부터 삼촌과 자주 시간을 보냈던 아이들은 삼촌과 노는 날을 기다린다.

게 말했다.

"눈이 수줍음이 많은가 봐, 내 손으로 안 와."

손에 닿으면 녹아버리는 눈을 아이는 그렇게 표현했다. 언젠가 한 선배가 아이들은 모두 시인이라고 말했다. 그 말이 새삼 떠오른다. 언제나 설레는 마음으로 세상을 보는 그 마음을, 오래도록 간직했으면.

아이들의 말은 잊어버릴까 봐 두려워 매일 메모장에 기록하지만, 빠뜨리는 게 9할이다. 육아를 하면 힘들고 지칠 때도 많지만 그 예쁜 말들이 가슴에 꽂혀 다시 한번 아이들을 보듬고 머리를 쓰다듬곤 한다. 딱딱하게 굳어가는 마음을 아이들의 말과 행동으로 매일매일 풀어서 다듬는다. 아이들에게 가르쳐주는 것보다 배우고 얻는 것이 더 많다.

"아들, 오늘도 잘하고 와!"

교실에 들어가는 첫째에게 소리치자, 옆에 있던 둘째가 나를 바라보며 묻는다.

"아빠, 아들이 뭐야?"

"네가 바로 내 아들이다, 이놈아!"

아직은 가르칠 것도 많지만 말이다.

요리하는 아빠,
설거지하는 엄마

설거지를 좋아한다. 싱크대 앞에 서서 고무장갑을 끼고, 개수통 물에 불려둔 그릇을 수세미로 문지르며 음식 찌꺼기를 없애는 게 좋다. 그다음에는 거품이 묻어 있는 그릇을 물에 헹궈내며 다시 빛을 내는 그릇을 보는 게 좋다. 또 그릇의 물기를 말린 뒤 가지런히 정리할 때 좋다. 설거지는 집안일 중 가장 좋아하는 일이다.

이렇게 말하면 가사노동을 무척 즐기는 것처럼 보이겠지만 실상은 그렇지 않다. 우리 집에서 음식을 만드는 사람은 남편이고, 아이 밥을 주로 먹이는 사람도 남편이고, 아이 목욕을 주로 시키는 사람도 남편이다. 참을성을 요하는 일에 나는 치명적이다. 뭐든지 빨리 해내기를 즐기는 데다 무슨 일이든 노력 대비 효용을 고려하는 내게 요리나 아이들 밥 먹이기는 정말 고역이다.

남편은 다르다. 꾸준하다. 남편을 좋아하게 된 것도 그 때문이었다. 남편은 빨리 시작하고 잘 지치는 내게 괜찮다고, 천천히 하면 된다고 말해주는 사람이었다. 금방 지쳐 나가떨어지는 나를 비난하지 않는 사람이기도 했다. 물론 이렇게 다른 성격이 결혼 후에는 서로를 답답해하고 싸우는 이유로 변질되고 말았지만. 하지만 모든 부부가 그렇지 않을까. 상대의 장점이 오래 지내다 보면 단점으로 보이기도 한다.

내가 설거지를 좋아하는 것처럼 남편은 요리를 좋아한다. 다섯 살 때부터 병설유치원에 다닌 첫째는 매달 현장학습을 갔는데, 거의 3년간 매달 김밥으로 도시락을 싸준 사람은 남편이었다. 지난해 유치원 학부모 상담 때 담임 선생님은 이렇게 말씀하셨다.

"아이가 아빠가 싸준 김밥이 제일 맛있다고 하더라고요. 정말 아빠가 싸는 거예요?"

나는 어색하게 웃었다. '엄마표 도시락'이 당연한 사회에서 남편의 김밥을 자랑하는 것 같을까 봐. 선생님은 곧 말을 이으셨다.

"아니, 어머님은 어떻게 남편을 그렇게 만드셨어요?"

뭐라고 말해야 좋을지 알 수 없었다. 나는 요리를 즐기지 않고 남편은 좋아하는 것뿐인데.

남편이 요리를 하고 아이들 밥도 주로 먹이다 보니, 겉으로 봐서는 남편이 가사노동을 굉장히 많이 하는 것처럼 비치기도 한다. 가사노동의 영역을 흔히 청소, 빨래, 요리, 설거지 정도로 생각하면 그럴 수도 있다. 그러나 한 가정을 꾸리는 일은 육체적 노동이 전부가 아니다.

한 가정이 굴러가려면(?) 총무, 재무 기능이 필요하다. 아이들이 클 때마다 옷을 사고 매주 먹을 음식을 구매하고 대출 상환 계획을 수립하고 10년, 20년 단위의 재무 계획을 점검하는 것은 모두 내가 하는 일이다. 아이들이 더 크면 관련 행정(?) 업무도 더 늘어날 것이다. 교육에 관련된 정보를 습득하고 예산에 따라 어느 학원에 보낼지 결정하고 실제 학원비를 결제하는 것까지 모두 내 일이 될 것이다. 이는 지금도 마찬가지다.

회사 점심시간, 정신없이 집안일을 처리하고 있을 때면 가끔 '왜 이걸 다 내가 맡고 있을까' 하는 생각도 든다. 우리 둘 다 역할을 명확하게 구분하지 못했던 신혼 때는 가사노동 분담 문제를 놓고 많이도 다퉜다. 그러나 지금 돌아보면 결국은 각자가 잘하는 일을 자연스럽게 맡게 된 것 같다. 내가 일을 기획하고 시작하면 남편은 마무리하는 쪽으로. 한꺼번에 여러 일을 처리하는 것은 내가 맡고 진득하게 끝까지 해야 하는 일은 남편이 맡는 쪽으로. 이제 사실 누가 가사노동을 더 많이 하는지 따지는 것은 중요하지 않아졌다. 두 사람이 하는 일이 어느 정도 균등하게 분담되고 있다는 뜻일 거다. 다만, 가사노동에는 눈에 보이지 않는 일도 많다는 것은 말하고 싶다.

그래도 가사노동을 전담했던 친정엄마 때와 비교할 수 있을까. 엄마가 어떤 보이지 않는 노동을 '그렇게 많이' 해냈는지 결혼하기 전까지는 잘 몰랐다. 신혼 때는 수건을 갤 때마다 엄마 생각이 나서 울었다. 수건을 개는 이런 작은 일까지도 모두 엄마가 해왔다는 사실을 그제야 깨달아서였다.

남동생은 어릴 때 내 꽃무늬 청바지를 물려 입어서 너무 부끄러웠다는 얘기를 아직도 한다. "엄마, 왜 나한테 누나 청바지를 입혔어요"라고 지금은 웃으면서 이야기하지만, 둘째를 낳고

'두 회장님'의 환갑을 맞아

첫째가 태어난 후부터 '손자 육아'를 해야 했던
외할머니 '두 회장님'이 환갑 식사를 하며 축하받고 있다.
'할머니 육아' 없이 아이들을 기를 순 없었을 것이다.

보니 첫째가 입었던 옷을 놔두고 새 옷을 사는 게 정말 아깝다 (물론 남동생은 누나의 '꽃무늬 바지'가 부끄러웠을 테다). 이제는 엄마가 집안의 총무부장이자 재무부장으로서 어떻게든 한 푼이라도 아끼려 노력했던 게 이해돼서 가끔은 코끝이 시큰하다.

평생 제사에서 자유롭지 못했던 엄마는 환갑이 된 해에야 명절 제사상의 압박에서 벗어났다. 우리 가족은 엄마 환갑을 기념해 난생처음 추석 연휴에 해외여행을 떠났다. "명절에 누가 차려준 밥을 먹으니 너무 좋다"라는 말을 반복하던 엄마. 그러나 설 연휴에는 아빠와 남동생 생일이 겹쳐 있어서 다시 요리에서 자유로울 수 없었다. 엄마는 다시 그리워했다. 싱가포르에서의 식사를. '누가 차려준 밥'을. 엄마는 늘 외식을 아까워한다. "바깥 음식은 비싸기만 하지"라면서. 밥을 차려본 사람은 사 먹는 밥을 아까워한다. 원가가 금방 나오니까.

그러나 엄마의 계산에는 한 가지가 빠졌다. 엄마가 하는 밥이 외식보다 저렴한 이유는 엄마의 노동을 공짜로 계산해서다. 우리가 그동안 엄마 밥을 공짜로 먹어서다. 이 사회가 엄마 밥의 가치를 제대로 인정하지 않아서다.

아이들에게는 꼭 알려주고 싶다. 말뿐만 아니라 남편과 가사 노동을 함께하는 삶을 통해서, 눈에 보이지 않는 노동의 굴레로 우리의 일상이 유지된다는 것을, 그 보이지 않는 노동의 값을 잘 아는 사람이 되어야 한다고 말이다.

황

:

좀비 같은 너,
가사노동!

육아휴직을 하기 전엔 몰랐다. 아무 생각 없이 쓰던 현관 번호키란 정말 귀찮은 물건이었다. 집에 드나들 일이 너무 많은데 그때마다 비밀번호를 누르고 문을 열어야 하다니. 잠깐 음식물 쓰레기를 버리러 갔다 오거나 우유를 사러 갔다 올 때도 예외는 없었다.

인터넷을 들여다보다가 스마트폰을 전자키로 등록할 수 있다는 글을 발견했다. '그래, 바로 이거다.' 스마트폰만 갖다 대면 문이 열린다고 생각하니 가슴이 뛰었다. '도구적 인간'으로서의 본능이 튀어나왔다. 이번에는 현관 번호키가 내 '도구 중독증'에 걸려든 셈이다. 몇 번 등록을 시도해봤다. 잘 안 됐다. 우리 집 번호키는 안 되나 보다 하고 포기했다. 몇 번쯤 시도하는 동안 등록이 잘 안 되는 것 같다고 현재 비밀번호를 대충 누르기도 했던 것 같다.

낮에 일이 있어 아이들을 처가에 잠깐 맡겼다가 저녁 때 집에 들어가려는데 장모님께서 말씀하셨다.

"황 서방, 아까 집에 볼일이 있어 들렀는데 문이 안 열리더라고. 번호가 바뀌었나?"

머리카락이 쭈뼛 서는 느낌이 들었다. 부리나케 집에 달려가보니, 아니나 다를까 번호가 바뀌어 있었다. 이 번호 저 번호 다 눌러봐도 "번호가 틀렸습니다"라는 소리만 들을 수 있을 뿐이었다. 안 하던 기도도 여러 번 해봤지만 요지부동이었다.

뭘 잘못 만졌는지는 몰라도, 내가 그런 건 분명했다. 결국 번호키를 뜯어내고 새로 갈았다. 수리공 아저씨는 나를 위로했다.

"이런 분들 생각보다 많아요. 공부하느라 정신없는 분들이 주로 그러더라고요."

나는 공부도 안 하는데… 아무런 위로가 되지 않았다. 경제적 손실에 정신적 타격까지 한동안 어질어질했다. 육아휴직을 한 뒤 몸을 좀 만들어보겠다고 집에서 팔굽혀펴기를 하다가 팔이 안 굽혀져서 사흘 동안 팔꿈치에 파스를 붙이고 다닐 때도 이렇게 참담한 기분은 아니었다.

옛날 옛적 컴퓨터 게임 중에 '너구리 게임'이라는 게 있었다. 이 게임은 마지막 판이 끝없이 계속된다. 가사노동이 딱 그런 느낌이다. 마지막 판인 줄 알고 깼는데 또 똑같은 스테이지가 나온다. 치웠다고 생각했는데 또 치울 거리가 나오는 뫼비우스의 띠다. 실컷 청소를 해놓고 한숨 돌리면 갑자기 저기서 '촤르르' 하는 소리가 들린다. 둘째가 뭘 쏟는 소리다. 단순 반복을 좀 줄여보겠다고 번호키를 만졌다가 오히려 된통 당했다.

자취 생활만 10년에 육박하는지라 요리나 청소 같은 가사노동은 어느 정도 자신이 있었다. 어렸을 적부터 어머니는 내게 먹은 그릇을 바로 설거지해놓고, 방마다 한 번씩 청소기를 돌리는 일이 당연하다는 걸 알려주셨다. 그런데 가사노동이 가욋일이 아니라 주 업무가 되니 판이하게 다른 느낌이었다. 사흘에 한 번 설거지를 하고, 한 달에 한 번 청소를 할 때와는 차원이 달랐다. 내 손길을 기다리는 일이 이렇게 많은 줄 몰랐다. 그저 '어시스트'한다는 느낌으로 가끔 하는 입장에서는 상상하기 어려울 정도다. 매일매일 해야 할 일들이 죽지도 않는 좀비처럼 다시 나타나 내게 손을 뻗었다.

육체노동이 끝이 아니다. 집안일은 이것저것 챙길 일도 많다. 거기서도 나는 젬병이다. 학교에 큰애를 데리러 갔다가 돌아오는 길에 시장에 들르자고 마음먹어놓고는 지갑을 두고 나선다. 코를 훌쩍이는 둘째를 데리러 갈 때 약을 꼭 챙겨가야겠다고 생각하며 약을 타서 약병에 넣어두고는 식탁에 두고 나선다. 학교 도서실에서 빌린 책을 반납해야겠다고 에코백에 챙겨뒀다가 현관에 그냥 놓은 채로 보무도 당당하게 걸어 나간다. 덕분에 학교까지 갔다가 다시 집에 돌아와야 했다. 나 때문에 아이가 책을 빌리지 못하면 안 되기 때문에.

비단 집안일만이 아니다. 아이들을 태우고 장거리를 갈 일이 있어서 몇 년 만에 세차를 맡겼다. 보람차게 집에 돌아와 잠시 쉬어야겠다고 생각하며 앉았더니 전화가 온다.

"차 키, 안 꽂아두고 가셨어요?"

"거기 꽂아놓고 왔는데요."

당당하게 말하면서 무심코 바라본 탁자에 차 키가 덩그러니 놓여 있었다. 얼른 들고 뛰어나갔다.

왜 이럴까 생각도 많이 했다. 심각한 건망증인가? 잘 잊어버리는 성격인 걸까? 스마트폰에 메모도 해두고 별짓을 다해봤지만 안 되었다. 가만히 생각해보면 나는 어떤 생각에 한번 빠지면 그 생각만 한다. 주변을 돌아보지 못한다. 외출할 때면 '현관을 나가자' 그 생각밖에 못한다. 결국은 어떤 일을 하기 전에 주변을 한번 돌아보면서 빠진 것이 없나 상기하는 수밖에 없는데, 그렇게 해야 한다는 사실 자체를 또 까먹는다. 그래서 안 된다. 육아휴직을 하면서 내가 어떤 사람인지 다시 생각하게 되었다.

아내에게 타박도 많이 들었다. 그런데 난들 어쩌겠나. 결국은 아내가 동시에 여러 가지를 챙겨야 하는 종류의 일들을 도맡았다. 메모장에 할 일들을 잔뜩 적어놓고, 수시로 내게 미션을 수행했느냐고 물었다. 가끔은 이렇게까지 해야 하나 싶다가도, 한 번씩 내가 어떤 사람인지 깨달으면 아내도 참 힘들겠다 싶은 생각이 들었다. 그래서 힘쓰는 집안일은 가급적 내가 하려고 한다. 그렇게 우리 가족은 가사노동 분담이 자연스럽게 이뤄졌다.

아마 대부분의 가정에서 보자면 우리의 역할이 서로 바뀐 듯 느껴질 수도 있다. 특히 내가 육아휴직한 뒤에는 더 그렇다. 가끔은 약간 서러웠다. 퇴근한 아내가 집에 와서 건조기를 열고 아직 꺼내지 않은 빨래를 꺼내서 개려고 할 때, 마치 내가 해야 할 일을 다 안 했다고 무언의 타박을 하는 것 같아 짜증이 나기도 했다. 나 정말, 하루 종일 논 거 아니라고! 아마 많은 전업주

부들이 그런 감정을 느끼지 않을까.

가사노동은 눈에 보이지 않는다. 드라마를 보면 가끔 아내에게 "당신 집에서 놀면서 뭐 했어?" 하는 남편들이 나온다. 하루만 직접 해봐도 논다는 얘기는 못할 것이다. 깨끗한 옷과 따뜻한 요리, 말끔히 정리된 집, 아주 평범해 보이는 일상이라도 그걸 유지하는 건 어렵다. 그 뒤에는 항상 누군가가 서 있다.

임

:

그냥 엄마가
되기 위해
노력할게

"엄마가 섬 그늘에 굴 따러 가면 아기가 혼자 남아 집을 보다가 바다가 불러주는 자장노래에 팔 베고 스르르르 잠이 듭니다."

어젯밤, 둘째 이준이를 업고 〈섬집 아기〉를 불러줬다. 첫째 두진이가 아기였을 때 정말 많이 불러줬던 노래였는데. 이준이가 가사를 따라 불렀다. 내 목소리에 아이의 목소리가 겹쳐지자 문득 두 아이를 업어줬던 날들이 스쳐 지나가면서 왈칵 눈물이 났다. 엄마가 울자 등에 업혀 있던 아이가 말했다.

"엄마 울어? 왜 그래?"

그러게. 엄마는 왜 울까.

"네가 크는 게 아까워서."

아이가 짐짓 어른스럽게 작은 손으로 내 어깨를 쓰다듬었다.

"괜찮아, 엄마. 괜찮아."

"괜찮아"라는 말을 몇 번 해줬던가. 아이의 위로에 이상하게도 더 눈물이 났다. 언제 이렇게 커서 엄마를 위로해주는 아이가 됐을까. 너무 기특해서 소파에 내려놓고 작은 얼굴을 두 손으로 감쌌다.

"이준아, 엄마 눈 봐봐."

어쩌면 이렇게 눈빛이 맑을까.

"엄마가 이준이를 정말 사랑해. 태어나줘서 고마워."

〈섬집 아기〉는 둘째보다 첫째에게 많이 불러준 동요였다. 돌

전 아기였던 두진이를 키울 때 나는 너무 '초보'였다. 아이와 둘이 있는 게 두려웠다. 울어버리는 두진이 앞에서 무력해지는 스스로가 두려웠다. 아기 띠에는 절대 들어가지 않겠다고 버티던 첫째는 포대기를 좋아했다. 엄마가 나를 키울 때 쓰던 포대기. 물론 엄마처럼 능숙하게 아이를 업지는 못했다. 첫째가 졸려 하면 침대에 포대기를 펼쳐놓고 포대기 가운데에 눕힌 뒤 침대에 등을 밀착하는 자세로 몸을 뒤로 구부려 겨우 아이를 업었다. 첫째를 키울 땐 하나도 쉬운 게 없었다. 그렇게 어렵게 아이를 업고서 불러주던 노래가 〈섬집 아기〉였다. 첫째는 이 노래를 불러주면 잠을 잘 잤다. 물론 금세 다시 일어났지만. 그래서인지 〈섬집 아기〉를 부르면 엄마 노릇을 잘할 수 있을까 두려웠던 초보 엄마 마음이 떠오른다.

요즘 첫째를 몇 번 다그쳤다.

"두진아, 모르겠어?"

"두진아, 어딜 보는 거야?"

"두진아, 두진아!"

초등학교 1학년이 된 아이는 뺄셈을 어려워했다.

"두진아, 세 개에서 두 개를 빼면 몇 개야?"

"한 개!"

"그럼 3 빼기 2는 뭘까?"

"2!"

속에서 부글부글 뭔가가 올라온다. 이래서 자기 자식은 가르칠 수 없는 거라고들 하는 건가. 가장 답답할 때는 집중하지 못하는 아이를 볼 때다. 12월생인 아이는 또래에 비해 늦되는 편이다. 느리지만 꼼꼼한 아이다.

얼마 전에는 'ㅏ ㅑ ㅓ ㅕ'를 배우는데 수업시간에 다 하지 못했다고 했다. 선생님이 집에서 부모님과 같이 해보라고까지 했다기에 무슨 일인가 싶었다. 국어 교과서를 보니 사자 그림과 함께 쓰인 '사자'의 'ㅏ' 부분에 같은 색을 칠하고, 또 다른 단어에서 'ㅑ' 부분에 같은 색을 칠하는 거였다.

"두진아, 왜 색칠을 못 했어?"

아이는 대답하지 않았다. 원래도 자기표현을 많이 하는 아이가 아니다.

"두진아, 왜 못 했느냐고."

다시 물어도 묵묵부답. 또 속이 부글부글한다.

"두진아, 대답해야지. 엄마가 물어보잖아."

그제야 겨우 답이 나온다.

"다 할 수가 없었어."

"왜?"

바로 '다다다' 잔소리를 하고 싶은 걸 꾹 참고 다시 물었다.

"두진아, 그럼 친구들이 색칠하고 있을 때 두진이는 뭐 했어?"

아이가 조심스럽게 말했다.

"색연필을 보고 있었어."

"왜?"

색연필을 봤다니? 이해가 잘 안 됐지만 또다시 물었다.

"왜 색연필을 보고 있었어?"

두진이가 눈치를 보며 말했다.

"어떤 색을 칠하면 예쁜지 생각했어."

아… 그랬구나.

우리는 함께 다시 색칠하기로 했다. 아이는 수업시간에 다 못
한 사자 그림을, 나는 그 옆 페이지의 여우 그림을 맡았다. 그런
데 아이는 시작하기 전부터 이렇게 말했다.

"아, 힘들어."

아니, 시작도 안 했는데 왜 힘들다는 거야.

"엄마, 다 칠하려면 힘들어."

같이 색칠을 하면서 알게 됐다. 아이는 뭐 하나 꼼꼼하게 하
지 않으면 안 되는 것이었다. 색연필을 꾹꾹 눌러 빈틈없이 색
칠할 생각을 하니 칠하기 전부터 걱정이 되었겠지. 내가 색연필
을 뉘여서 살살 색칠하니 아이는 계속 참견했다.

"엄마, 그렇게 하면 하얀색이 다 보이잖아."

아….

"두진아, 이렇게 칠해도 돼. 그렇게 다 꼼꼼하게 칠하려면 힘
들잖아."

말하고 나서도 의미 없다고 생각했다. 스스로 만족할 정도로 해야 하는 아이다. 남편을 닮았다.

하루는 더하기 빼기를 하는데 아이가 하품을 하며 딴청을 피웠다. 순간 너무 화가 났다.

"두진아, 하지 마. 집중하기 싫으면 안 해도 돼. 수학도 국어도 안 해도 돼!"

아직 초등학교 1학년… 한 가지에 오래 집중하기 힘들다는 걸 알면서도 아이를 다그치고 말았다. 겨우겨우 나머지 공부를 마치고 아이를 재우려고 누웠는데 눈물이 났다. 이렇게 다그치는 엄마가 되고 싶지는 않았는데, 나는 왜 이 모양인가.

좋은 부모가 될 수 있을까. 아이에게는 절대 욱하는 엄마가 되고 싶지 않았다. 부모 자식 사이에도 '케미'가 있다던데 내가 아이의 성정을 이해하지 못하는 엄마인 걸까. 첫째는 선풍기가 돌아가면 어떤 원리로 작동하는지 탐구하는 아이고, "우유를 버리면 물고기가 아파"라는 선생님의 말에 우유가 어느 관을 타고 흘러가는지 생각하는 아이다. 가르쳐준 적이 없는데도 혼자서 동그라미 세 개를 그리고 두 개를 더 그린 뒤 모두 세며 덧셈 문제를 풀기도 했었다.

"두진아, 이렇게 하는 거 누가 알려줬어?"

"그냥 내가 했어."

아이를 믿어줘야 좋은 부모라고 하던데. 자기 속도대로 잘

비 온 뒤 풍경을 바라보는 아이들

아이들은 꽃잎 하나도, 나뭇잎 하나도 지나치지 않는다.

모든 것이 탐구의 대상이자 놀이요, 공부다.

부족하고 모자람이 보이다가도 어느새 불쑥 커 있는 아이들을 보고 놀란다.

아이들은 단단한데, 오히려 부모들은 불안해한다.

아이를 믿어줘야 좋은 부모라고 한다.

자기 속도대로 잘 커가고 있는 기특한 아이를

나만 믿어주지 못하고 있는 것은 아닐까.

커가고 있는 기특한 아이를 나만 믿어주지 못하고 있는 것은 아닐까.

아이가 느린 게 아니라 내가 급한 것이었다. 나는 평소에도 군더더기를 참기 힘들어한다. 아이는 나와 달리 수줍음이 많고 느리다. 자기의 생각을 잘 표현하지도 않는다. 가끔 남편의 답답한 모습과 연결되면 더 답답하다. 남편은 자꾸 자기를 닮았다는 식으로 아이의 성격을 규정하지 말라고 했다. 맞는 말이다. 아이는 그냥 아이다. 첫째는 남편, 둘째는 나를 닮았다며 미리부터 아이들을 어떤 틀로 규정해버리고 있는 건 아닐까.

자식이란 존재는 너무 어렵다. 내가 아닌데 나를 닮은 작은 존재. 내 마음대로 움직일 수 없는데 늘 보살피고 등을 토닥여줘야 하는 존재. 옳고 그름을 가르쳐주고 세상의 풍파를 잘 헤쳐가는지 뒤에서 바라봐줘야 하는 존재. 자주 그러지 못한다는 생각으로 자책하는 내게 친구가 말했다.

"좋은 엄마가 되기 위해 노력하지 말라고 하더라고. 그냥 엄마가 되기 위해 노력하면 되는 거래. 우리가 이렇게 노력하는데 아이들이 잘 크는 게 당연한 거 아닐까?"

아이들을 키우면서 배우는 것은 '뒤에서 바라봐주는 존재가 되는 법'일지도 모르겠다. 조바심 내지 않고 아이들을 따뜻하게 안아주는 법을 말이다. 시간이 지나면 더 나은 엄마가 될 수 있지 않을까. 두진아, 이준아, 엄마도 계속 더 엄마가 되어가고 있어.

황

:

찬찬히,
너희들을 살펴보는 걸
잊지 않을게

"선생님, 아빠는 맨날 잠만 자요."

어느 날 큰애가 담임 선생님께 이런 말을 했다고 한다. 기가 막혔다. 내가 언제? 아마 피곤해서 잠깐 누워 있었던 것을 그리 말했나 보다. 육아휴직도 벌써 두 달이 넘었는데, 아이들에게는 여전히 부족한 아빠다.

가끔은 깜짝 놀라는 일도 있다. 학교 가는 일에 적응 중인 첫째는 월요일만 되면 배가 아프다고 했다. 녀석 나름대로 스트레스가 있는 모양이다. 지난번에는 배가 아픈 걸 꾸역꾸역 참다가 함께 있던 친구의 엄마가 전화를 해줘서 뒤늦게 알게 되기도 했다. 안타까운 마음에 아이를 타일렀다.

"아프면 참지 말고 선생님께 얘기하고, 아빠한테 전화를 해달라고 말씀드려."

그랬더니 녀석이 말했다.

"아빠 전화번호는 몰라."

헉… 아직 내 전화번호를 모른단 말인가.

"엄마 전화번호는?"

"알아. ○○○○에 ○○○○"

아직도 아이들에게 아빠는 제대로 자리 잡지 못했다. 물론 아이들에게 '만족'이란 없다. 최선을 다하고 있다고 생각하는데도 억울할 때가 있다. 이런 일도 있었다. 방과 후 수업을 내내 서서 참관하고 놀이터에서 아이들을 실컷 놀려주었다. 그러고 나서 겨우 한숨을 돌리고 보내야 할 메시지가 있어 두세 시간 만에 휴대전화를 열었다. 그때 첫째가 "아빠! 아빠!"하고 부르는 걸 못 들었나 보다. 내가 대답이 없자 녀석이 말했다.

"아빠는 맨날 휴대폰만 보고 있어!"

그 말에 나도 모르게 목소리가 커졌다.

"야, 아빠도 뭐 보낼 게 있어서 그래! 뭐 대단한 것도 아니잖아. 왜 아빠한테 그래!"

대충 때우려는 것도 아이들은 귀신처럼 눈치챘다. 언젠가 첫째가 레고로 조립한 장난감 프로펠러를 돌리면서 "이것 봐, 잘 돌아가지?"하고 자랑을 했다. 몹시 피곤했던 나는 아이에게 눈도 안 돌리고 "응, 잘 돌아가네"하고 말했다. 그랬더니 첫째가 말했다.

"아빠는 옆에 눈이 달려 있어?"

급하게 자세를 고쳐 잡고 녀석을 바라보면서 말했다.

"아니야, 이렇게 아빠가 곁눈으로 봤어. 안 보고 말하는 줄 알았어?"

녀석은 유심히 옆으로 흘기는 내 눈을 바라보더니 한번 믿어보겠다는 눈치였다.

육아휴직을 하면서 아이들을 오래 지켜보다 보니 안 좋은 점도 생겼다. 자꾸만 아이들을 다른 아이들과 비교하는 나를 발견하게 되는 것이다. 다른 집 아이들이 김치나 나물 반찬으로도 밥 한 공기를 쓱싹 비운다는 얘기를 들으면 우리 아이들은 왜 이렇게 손이 많이 가는가, 생각하며 한숨을 쉰다. 밥을 먹으라고 목이 쉬도록 불러도 안 먹는 녀석들. 겨우 한 숟갈 떠서 입에 넣었다가도 먹기 싫은 반찬이라고 다시 뱉어버리는 녀석들. 그럴 때면 울컥 화가 치솟는다. 도대체 너희들은 왜 그러는 거니.

그런데 돌이켜보면 이 질문은 아이들이 할 법도 하다. 아빠 너는 도대체 왜 그러는 거니? 다른 아빠들은 말이지, 몸으로 잘 놀아주는데 아빠 너는 왜 그렇게 늘 퍼져 있니? 또 다른 아빠들은 물어보면 차근차근 설명도 잘 해주고 화도 안 내는데, 아빠는 왜 걸핏하면 소리를 고래고래 지르니?

그렇다. 요즘은 하도 불끈불끈 화를 내서 아이들이 나를 '화 내는 인간'으로 기억하면 어쩌나 걱정이 될 정도다. 언젠가는 갑자기 막 매달리는 첫째 때문에 목과 어깨 언저리에 극심한 통증을 느꼈다. 갑자기 그러면 어떡하느냐고 막 뭐라고 했더니 녀석의 입꼬리가 금세 실룩실룩하면서 눈매가 파르르 떨린다. 눈망울은 곧 눈물이라도 떨어질 것처럼 반짝거렸다. 마음이 너무 아팠다. 아빠도 아픈 걸 어째. 미안하다!

아빠가 왜 이렇게 화를 많이 내냐고? 아이들이 이해한다면, 좀 어렵더라도 이렇게 말해주고 싶다. 나는 지금 너희들의 시간을 배우는 중이라고. 아이도 어른과 비슷하다. 나름대로 생각하는 자기의 스케줄이 있다. 갑작스러운 변화에 당황스러워한다.

아이들의 시간에 맞춘다는 것

아빠는 어른의 시간이 몸에 배어 있어서 아이들의 시간에 맞추기 어렵다.
찬찬히, 아이들을 살펴보는 걸 잊지 말자고 다짐하지만
아마 또다시 어른들의, 세상의 시간에 맞춰 아이들을 바라보고 있을 것이다.
조금씩 노력하는 아빠가 되고자 한다.

뭘 하기 전에 미리 아이들에게 말해주고 동의를 구한 뒤 움직여야 뒤탈이 없다. 문제는 늘 그걸 까맣게 잊는다. 노는 아이를 갑자기 데려와 씻기고, 집에 있는 아이를 갑자기 어린이집에 데려가 부려놓으려고 한다. 아이들이 울고 떼쓸 때면 '아차' 싶지만 이미 늦었다. 아이들에게 차근차근 설명해준 날은 다르다. 서운해하지만 떼쓰거나 울지는 않는다.

하지만 늘 어렵다. 어른의 시간이 몸에 배어 있기 때문이다. 아이들의 시간을 염두에 두지 않다 보니 허겁지겁 서두르며 윽박지르는 일이 반복된다. 아이들이 어떤 생각과 마음인지를 조금만 더 헤아려본다면 그러지 않아도 될 텐데.

오늘부터 너희들의 시간에 맞춰볼게, 라고 말한다면 그건 거짓말일 것이다. 나는 아마 또다시 어른들의, 세상의 시간에 맞춰 아이들을 닦달하고 있을 것이다. 그래도 가급적이면 찬찬히, 아이들을 살펴보는 걸 잊지 말자고 다짐한다.

어느 날 화장실에서 첫째를 씻기고 있을 때였다.

"아~ 좀 크게, 아~ 해봐!"

인상을 한껏 찌푸리는 녀석의 입을 억지로 벌려 칫솔질을 하려고 애쓰고 있는데 나를 바라보던 녀석이 말했다.

"아빠, 귀여워!"

그래, 좋은 아빠가 되는 것. 아주 실패하고 있지는 않은 걸까.

:

엄마가 되지 않았다면
보이지 않았을
풍경들

결혼 전, 경북 구미에 사는 시부모님께 처음 인사를 드리고 돌아오던 길이었다. 남편과 나는 결혼 준비 과정의 첫 행사를 무사히 치렀다는 데 안도하며 편히 쉬고 싶었다. 6월 초의 날씨는 꽤 더웠는데 기차의 에어컨은 고장이었다.

그때 한 아이가 울기 시작했다. 서너 살 정도 됐을까. 에어컨 고장 때문에 기차 안이 쾌적하지 못했으니, 아마 아이는 불쾌함을 울음으로 표현했던 것일 테다. 그러나 그때의 나는 화가 났다. 급기야 남편에게 이렇게 속삭이기까지 했다.

"아니, 도대체 왜 아이 울음을 못 그치게 하는 거야."

단호하고 냉정했던 그때의 내 말투가 지금도 생생하게 기억난다. 연애 중이던 남편은 낯모르는 아이의 괴로움보다 여자친구가 더워하는 것을 더 신경 쓰던 때였다. 서울역에 도착할 때까지 더위와 아이 울음소리로 괴로웠던 우리는 그 아이의 부모를 책망했다.

아이를 키우면서 그 장면이 꽤 자주 떠오른다. 세상이 아이들에게 불친절하다고 느껴질 때마다, '노키즈존'이라고 적힌 팻말이 아이들을 거부하는 상황을 마주할 때마다, 그때의 내가 했던 냉정하고 무지한 말들이 떠오르는 것이다. "아니, 도대체 왜 아이 울음을 못 그치게 하는 거야." 그 부부도 내 말을 들었을까. 우는 아이를 어쩌지도 못하고 마음 졸였을 그 부부에게 내 말이 화살이 되어 박히지는 않았을까.

아이 울음을 그치게 하는 게 이렇게 어려운 일이라는 걸, 마트에 주저앉아 장난감을 사달라고 떼쓰는 아이를 그 자리에서 훈육할 순 있어도 단숨에 울음을 그치게 하기는 어렵다는 사실을 아이들을 키우면서야 알게 됐다. 아이들은 그런 존재였다. 귀여운 얼굴에 떼쟁이가 나타났다가 천진함이 나타났다가 다시 떼쟁이가 나타난다. 울음으로밖에 의사를 표현할 줄 모르는 돌전 아기들, 아직 의사 표현이 능숙하지 못해 제대로 소통이 안 되니 답답한 마음에 떼부터 쓰고 보는 서너 살 아이들. 아이들은 원래 그런 존재다.

동물의 새끼들은 태어나자마자 걷고 자기 먹이도 찾아다니던데 인간의 아이들은 왜 이렇게 모든 게 늦는 걸까. 답을 알 수 없는 물음을 안고 온몸으로 아기를 기르던 육아휴직 시절에는 자주 외로웠다. 늘 당당하고 싶었지만 쉽지 않았다. 아이를 안고 있는 내 자세는 묘하게 수세적이었다.

임신 중일 때였다. 지하철 노약자석에 앉은 내게 한 할아버지는 대놓고 편잔을 줬다. "임신했어요"라고 작게 말했지만 억울했다. 임산부도 교통약자인데 왜 내가 눈치를 보는가. 그러다 문득 교통약자석 표지에 그려진 장애인 그림이 눈에 들어왔다. 아, 그동안 한 번도 장애인의 이동권을 진지하게 고민해본 적이 없었구나. 배가 점점 더 부르면서 뛸 수 없게 되고, 걸을 때도 뒷짐을 져야 할 만큼 허리가 아파졌다. 뛸 수 없게 되자 문득 거리에 장애인이 잘 보이지 않는다는 생각을 했다. 여성으로 살며 젠더적 소수자성에 몰입해왔지만, 과연 나는 다른 소수자들의 삶에 얼마나 관심이 있었던가.

도시의 거리는 아이들과 함께 걷기가 쉽지 않다. 아이들은 언제 어디로 튈지 모르는 '무법자'들이라 달리는 차가 공포스럽다. 아, 이 도시엔 왜 이렇게 차가 많은 걸까. 미세먼지가 심해질 때면 아이들이 기관지염에 걸려 소아과에 가는데, 우리 아이만 겪는 일은 아닌가 보다. 평소보다 아이들이 너무 많다. 병원에 옹기종기 앉아 있는 작은 아이들이 도시의 삶이 지속 가능한지 묻는 것만 같았다.

부모의 힘만으로 키울 수가 없어 돌만 지나도 어린이집을 다니고, 아직 면역력이 약한 아이들끼리 감기를 옮기고 옮겨 항생제를 계속 먹여야 할 때면 미안한 마음뿐이다. 보육을 지나 경쟁이 점점 극심해진다는 교육의 시기로 가는 것은 상상도 하고 싶지 않다. 이런 줄 알고서도 둘째까지 낳은 배짱은 어디에서 왔을까.

아이들은 세상을 탐험하며 모든 걸 신기해하지만, 어른이 된 내 눈엔 과연 이 세상이 아이들에게 안전한지 의문스럽다. 그렇다고 뒷짐만 지고 있을 수도 없다. 아이가 좀 더 안전한 세상에서 살 수 있는 방법을 고민해야 한다. 답은 어렵지 않다. 아이에게 안전한 세상은 보통 사람에게 안전한 세상이다. 이제야 나는

작은 아이를 업고

작은 존재의 눈으로 세상을 보면 불합리한 것투성이다.

빠르게 뛸 수도, 자동차를 날쌔게 피할 수도 없는 아이들의 눈으로 세상을 보면 두렵다.

아이에게 안전한 세상은 장애인, 여성, 노약자 등 보통 사람에게 안전한 세상이다.

작은 아이를 업고 작은 존재들의 시각에서 세상을 보기 위해 노력하겠다고 다짐해본다.

장애인의 이동권에 진심으로 관심을 기울이고, 미세먼지 문제에 대한 실질적인 대책의 필요성에 목소리를 낸다. 대단히 적극적으로 움직이고 있다는 얘기는 아니다. 다만, 이제는 아이들의 시각으로 세상을 볼 수 있게 됐다고는 말할 수 있을까.

다짐해본다. 작은 존재들, 사회가 애써 권리를 모른 척하는 존재들의 시각에서 세상을 보기 위해 노력하겠다고. 다짐이 발걸음이 되기를.

황

:

육아휴직을
하지 않았다면
알 수 없었을 일들

10년 넘게 쉬지 않고 회사에 다녔다. 깨어 있는 대부분의 시간을 회사가 있는 서대문, 광화문에서 보냈다. 낮 시간 동안 내가 사는 동네에 머물러 있다 보면 가끔 스스로의 모습이 낯설다. 집안일을 책임지는 주부가 됐다는 생각이 들다가도, 어떤 때는 취직 전 백수 시절의 기운이 잠깐 스쳐 지나가기도 한다. 아이들을 데리고 왔다 갔다 하다 보면 금세 1만 보가 넘어버리는 스마트폰의 만보계 기록을 보면서 '아이는 편도지만 어른은 왕복'이라는 말을 실감한다. 아이를 돌보셨던 장모님께서 정말 힘드셨을 거란 생각에 가슴이 아리다.

보지 못했던 것들도 많이 보인다. 동네에 있는 가게 하나하나를 유심히 본다. 어떤 가게가 사라지고 어떤 가게가 생기는지 알게 된다. 이 동네에 산 지 몇 년 만에 이렇게 가까운 거리에 이비인후과가 있다는 사실을 처음 알게 됐다. 고등어조림 재료를 사려고 동네 마트에 들렀다가 여기서는 생고등어를 구할 수 없다는 사실도 처음 알았다. 생선을 사기 위해서는 가까운 시장에 가야 했다. 구경꾼이나 들러리가 아니라 직접 물건을 사러 간 시장에서는 싸고 좋은 물건이 눈에 많이 띄었다.

육아휴직을 하고 보통의 '엄마'로서의 생활을 하다 보니 살면서 한 번도 하지 않았을 법한 일도 하게 된다. 바로 육아휴직급여 신청이다.

이번에 처음으로 육아휴직급여 신청을 하면서 한참을 헤매

다가 결국 고용복지센터에 전화를 해보고서야 휴직 한 달 뒤부터 신청이 가능하다는 사실을 알았다. 또한 육아휴직 기간 동안 한 달 단위로 계속 신청해야 한다는 사실도 처음 알았다. 말 그대로 '육아휴직급여'인데, 미리 신청하고 원래 급여가 나오는 날짜에 맞춰서 받을 수는 없는 것인지. 휴직 기간을 설정해두면 자동으로 매달 육아휴직급여를 지급하도록 만들어뒀으면 좋았을 텐데, 하는 아쉬운 마음이 들었다.

내가 휴직을 하면서 둘째는 어린이집 종일반에서 맞춤반으로 바뀌었다. 맞벌이 부부는 종일반에 아이를 맡길 수 있지만, 한 사람이 휴직을 하면 맞춤반으로 변경해야 했다. 종일반은 아침 7시 30분부터 저녁 7시 30분까지, 맞춤반은 아침 9시 30분부터 오후 3시 30분까지다(2020년 3월부터는 종일반·맞춤반 제도가 없어지고, 맞벌이·외벌이 구분 없이 필요에 따라 기본·연장보육을 신청할 수 있게 되었다). 정해진 시간보다 일찍 가거나 늦게 데려오면 1시간 단위로 추가 긴급보육 서비스를 사용하겠다고 선생님께 말씀드리고 대장에 기록해야 한다. 이것도 한 달에 15시간까지만 사용 가능하다. 대장에 기록할 때마다 선생님도 번거로움에 미안해하시지만 제도가 그렇다.

그래서 휴직 후에는 첫째를 8시 55분까지 학교에 데려다주고 나서, 둘째가 어린이집에 갈 수 있는 9시 30분까지 주변을 돌아다니며 시간을 보낸다. 물론 비가 오거나 미세먼지가 심한 날에는 적절히 긴급보육 서비스를 사용한다. 오후에도 첫째와 둘째의 하교, 하원 시간이 겹쳐져서 시간을 맞추기 어려울 때가 있다. 오후 3시 반에 맞춰 둘째를 하원시키지 못하면 꼼짝없이 긴급보육 1시간이 또 차감된다. 비상시를 위해 긴급보육 서비스로 정해진 15시간을 아껴써야 한다는 생각이 들어 늘 머릿속으로 계산을 하게 되니 심적으로도 부담이 된다.

첫째를 데려다주고 둘째와 주변을 산책하다가 첫째 친구의 엄마를 만났다. 그분도 나처럼 첫째를 등교시킨 뒤 둘째를 데리고 주변을 배회하는 중이었다. 육아휴직을 하면서 맞벌이 기준에서 제외돼 아이가 유치원 방과 후 과정에 들어갈 수 없게 되었고, 9시 30분 전에는 아이의 등원을 받아주지 않는다고 했다. 나와 비슷한 상황이었다.

정부, 관련 기관, 지자체까지 열심히 애쓰고 있다는 걸 알지만 정작 아이를 키우는 입장에서는 이렇게 누굴 탓해야 할지 모르는 구멍이 생긴다. 그깟 20~30분이 대수냐고 생각할 수도 있지만 매일매일 반복하는 입장에서는 기운 빠지는 일이다. 정부나 한 사회가 동원할 수 있는 자원에는 한계가 있고, 보육 정책에 투입할 수 있는 자원도 마찬가지다. 정책상 각자의 처지에 따라 지원하겠다고 한 것도 이 때문일 것이다. 그럼에도 아이는 다 같은 아이이고, 키우는 부모도 다 같은 부모다. 사소한 차이들이 미묘한 서운함을 만들고 서로 벽을 치게 한다. 육아휴직을 하지 않았다면 이처럼 뭔지 모를 쓸쓸한 상황도 이해하지 못했을 것이다.

많은 사람들이 아이를 낳아 기르는 일을 중요하다고 말하고 한편으로는 신성시하기도 한다. 저출생이 지속되면서 더욱 그렇다. 막상 전담해보니 육아가 사회적으로는 그다지 중요한 일로 여겨지지 않는다는 인상을 받는다. 아이들은 사회적 약자이고, 아이들을 돌보기 시작하는 순간 아이를 돌보는 사람도 배려가 필요한 사회적 약자 입장이 된다. 우리 사회가 다른 모든 사회적 약자에 대한 배려가 부족한 것처럼 아이를 기르는 사람에게도 너그럽지만은 않다.

생각해보면 나는 살면서 크게 주류에서 벗어난 적이 없었던 것 같다. 풍족하다고 할 수 없는 경제적 여건과 지방 출신이라는 점이 있긴 하지만 대체로 주류에 속했다. 서울 소재 4년제 대학을 졸업한 남성이자 정규직 직장인, 비장애인이라는 것만 해도 우리 사회에서는 큰 기득권이다. 육아휴직을 하지 않았다면 그 위치에서 벗어나보지 못했을 것이다. 광화문이나 서대문이 아니라 내가 사는 이 동네에 머물러 있다 보면 한 번도 불편하다고 느낀 적 없는 것들이 나를 불편하게 만든다.

아이들을 데리고 다니다 보면 왜 그렇게 길거리에 턱이 많은지. 보도블록은 왜 그렇게 깨진 것들이 많고, 길은 왜 이렇게 울퉁불퉁하거나 한쪽으로 기울어 있는 곳이 많은지. 그러다 보면 알 수 없는 누군가를 원망한다. 킥보드, 유모차(자전거) 등 바퀴 있는 탈것들이 없다면 아이들을 어떻게 키울까. 한 번씩 그 탈것들의 바퀴가 턱에 탁 걸려서 아이가 휘청하거나 자빠지고, 밀던 유모차가 꼼짝도 않고 처박히면 몹시 화가 난다. 웬만한 거리는 두 발로 걸을 수 있는 성인이 아니면 이동하기조차 어렵게 돼 있다. 자전거는 왜 이리 인도에서 레이싱을 하는지.

첫째를 낳고 얼마 지나지 않았을 때는 속상한 일도 있었다. 유모차를 밀면서 실내 쇼핑몰을 걷다가 마주 보고 걸어오던 중년의 부부와 부딪힐 뻔했다. 아이가 잘 앉아 있는지 보려다가 미처 앞을 보지 못했던 탓이다. 그러자 나이 지긋한 맞은편 남성이 버럭 화를 냈다.

"앞을 잘 보고 다녀야지!"

앞을 제대로 보지 못한 내 잘못은 맞지만 집에 돌아오는 내내 마음이 좋지 않았다.

얼마 전에는 아내 없이 혼자 두 아이를 데리고 식당에 갔다. 과연 둘을 데리고 제대로 음식이나 입에 넣을 수 있을지 걱정이 됐지만 다행히 놀이방이 있는 식당이었다. 아이들을 놀이방에 들여보내고 음식을 주문한 뒤 자리에 앉아 한숨을 돌렸다.

한데 뭔가 좌불안석이다. 네 살배기 둘째가 놀이방에서 심하게 놀다 혹시나 다른 아이들과 부딪히지는 않을지 걱정이 돼 자꾸만 왔다 갔다 하면서 들여다봤다. 오락기에 빠진 첫째를 보고 있자니 가만히 방치하는 것에 죄책감이 들고, 옆에 아이들을 데리고 온 다른 부모들이 흉이나 보지 않을지 걱정이 됐다. '저 봐, 아빠가 애들을 보니까 저렇게 방치하는구먼.' 어쨌든 식사는 맛있었고 아이들도 잘 먹어줬다. 하지만 아내가 퇴근해서 식당에 데리러 올 때까지 뒤통수가 따가웠고 등줄기에서는 땀이 계속 흘렀다.

식당뿐만 아니라 어디든 아이들을 데리고 가면 주변의 시선을 계속 신경 쓰게 된다. 물론 환영받을 때도 많다. 그러나 혹시라도 아이들 때문에 불편함을 느끼는 사람들이 있는 건 아닌지 걱정이 된다. 바닥에 밥알이라도 흘리면 물티슈로 재빠르게 치운다. 얼마나 많은 엄마들이 이렇게 눈칫밥을 먹으며 아이들을 키워왔을까.

한 번이라도 식당에서 혼자 아이들을 데리고 식사를 해본 사람이라면 쉽게 '노키즈존'을 써 붙이지는 못했을 거란 생각이 들었다. 나 역시도 육아휴직이 아니었다면 느끼지 못했을 것이다. 아이가 없던 젊은 시절, 기차 안에서 시끄럽게 우는 아이를 보고 눈살을 찌푸렸던 것처럼.

세상에는 많은 일이 있고, 직접 해보지 않고도 알 수 있는 일들도 많지만 적어도 육아는 그런 일은 아닌 것 같다. '해보지 않았으니 모를걸'이라는 식으로 야유하려는 것도 아니고, 아이 키우는 게 대단한 일이라거나 특권인 것처럼 얘기하려는 것도 아니다. 그저 아이를 키우면서 집에 있는 일이 결코 우리 사회에서 환영받거나 주류적인 위치는 아니라는 것을, 육아휴직을 하면서 정말 몸으로 느낀다는 얘기다.

2장

우리는 육아 동지가 되었다

임

:

모든 관계가
다르듯이
부부 사이도
그렇다

우리는 2008년 10월, 같은 회사에 입사했다. 10월 1일, 사장실에서 사령장을 받고 바로 3박 4일간 신입사원 교육을 받았다. 그때는 3년 후 8명 중 1명과 결혼하게 될 줄 몰랐지만 말이다. 남편이 될 줄 몰랐던 황경상 씨의 첫인상은 '쟤는 왜 말이 없지?'였다.

3박 4일간 교육을 받으면서 4명씩 두 조로 나뉘어 하는 프로젝트가 몇 개 있었다. 편의상 이름의 가나다순으로 조를 나눴는데 임씨인 나와 황씨인 남편이 같은 조가 됐다. 당시에는 무가지가 많을 때라 일간지가 무가지에 대응해 어떤 콘텐츠를 만들 수 있을지 토론했다. 다른 동기들은 열심히 의견을 내는데, 듣기만 하는 황경상 씨를 보며 나는 생각했다. '쟤는 의견이 없나?'

나는 외향적이고 적극적인 반면 남편은 내향적인 사람이다. 에너지를 바깥으로 쏟으면서 다시 에너지를 얻는 게 나라면, 남편은 안에 차곡차곡 쌓아두는 것으로 에너지를 얻는 사람이다. 연애할 때는 남편의 내향적인 성격이, 그래서 자기주장이 강하지 않고 말이 많지 않은 게 좋았다. 다투지 않아도 됐으니까. 주관이 뚜렷하고 고집도 센 내가 수다스럽게 하는 이야기를 남편은 늘 귀 기울여 들어줬다. 내가 답답함을 토로하거나 무언가에 신나서 떠들면 마치 '귀엽다는 듯이' 머리카락을 흩트리면서 토닥여줬다. 묵묵한 남편의 성격은 어딘지 모르게 위로가 됐다. 물론 결혼한 지 8년이 지난 지금은 이렇게 말하지만.

"아니, 도대체 무슨 생각을 하냐고. 진중한 사람인 줄 알았더니 그냥 수세적인 거였어! 자꾸 피할 거야?!"

사회 초년생 시절에는 누구나 그렇듯 많이 헤맸다. 모르는 사람에게 대뜸 전화를 걸어 기사 내용을 확인 취재하는 것처럼 작은 일도 힘들었지만, 아무래도 가장 어려웠던 건 '무엇이 기사가 되느냐' 판단하는 것이었다. 퇴근할 즈음이면 '이 일을 계속할 수 있을까' 답답함이 이어지던 나날이었다. 그런 날이면 가끔 입사 동기 남편에게 전화를 걸었다. 이러저러한 일이 있었다고 조잘조잘 떠들었다. 남편은 늘 그렇듯 별말이 없었다. 그런데 아무 말도 하지 않았던 것이 신경 쓰였는지 문자가 왔다. "아영, 누구나 겪는 고민 아닐까. 점점 더 잘할 수 있을 거야." 평범한 내용이었는데, 이상하게도 위로를 받았다. 집 앞에서 문자를 한참 들여다봤다.

점점 더 남편을 의식하게 됐다. 늘 점심 약속이 있던 나와 다르게 남편은 약속이 없는 날이 많았다. 갑자기 약속이 취소된 날이면 남편에게 연락했다. "약속 없지? 같이 밥 먹을래?" (물론 지금은 이렇게 생각한다. '그때 약속만 있었어도….') 만나면 주로 이야기하는 쪽은 나였다. 조금 친해지자 남편은 내 얘기에 한두 마디씩 자신의 생각을 표현하기 시작했고, 그게 또 이상하게 위안이 됐다. 흐뭇한 표정으로 내 얘기를 듣는 남편을 보며 위로받고 있다는 사실을 깨달으면서 감정이 경계선에 이르렀다는 것을 느꼈을 때, 연락을 끊었다. 동기 관계를 불편하게 만들고 싶지 않았다.

그렇게 얼마나 지났을까. 2010년 지방선거가 있었던 6월, 남편이 소속된 부서와 내가 소속된 부서가 함께해야 하는 일이 생겼다. 일을 상의하기 위해 오랜만에 연락했다. 남편은 전화를 받자마자 대뜸 말했다.

"너 요즘 전화 안 하더라?"

말 없던 사람이 내 전화를 기다리고 있었다. 그때 예감했다. 우리의 관계가 달라지겠구나. 그 예감처럼 두 달 후 우리는 연애를 시작했다.

남편은 지금도 여전히 기다리는 쪽이다. 먼저 다가가기 쑥스러워서 기다리는 게 편한 사람. 가끔 남편이 나무 같다는 생각을 한다. 나는 바람? 나무는 한자리에 한결같이 서 있지만 바람은 늘 돌아다닌다. 세상만사의 이치, 사람들의 속마음이 궁금해서 돌아다닌다. 그렇지만 바람이 가장 편안할 때는 나무 옆에 머물 때다. 그러면서도 바람은 나무와 함께 세상을 탐험하고 싶다. 나무가 너무 묵묵히 서 있기만 해서 답답하다. "좋은 곳이 있는데 같이 가보지 않을래?" 나무는 고개를 젓는다. 마치 절대 움직일 수 없다는 듯이. 편안해서 좋았던 것이 당연해지다 보면 원하는 대로 되지 않는다며 탓하는 게 인간의 이기적인 본능일까. "왜 이렇게 소극적이고 수세적이야?" 나는 어느새 나무를 탓하고 있었다.

첫째는 아빠처럼 쑥스러움을 많이 탄다. 일곱 살 때까지 고개 숙여 인사하기도 어려워했다. "쑥스러움을 많이 타서요"라고 대변했지만 속으론 생각했다. '도대체 왜 이렇게 쑥스러워하는 거야?' 1학년이 된 첫째에게는 만나기만 하면 다가와 먼저 꼭 안아주는 같은 반 여학생이 생겼다. 그 모습을 보며 생각했다. '첫째는 나와 비슷한 친구를 만나겠구나. 적극적인 사람을 만나 사랑을 하겠구나.'

첫째를 대하는 내 마음은 이중적이다. 답답하지만 애틋하다. 아이가 좋아하면서 표현하지 못하는 것 같을 때면 마음이 찌릿찌릿할 정도다. 첫째는 태권도도 하고 싶어 하지 않는다.

"엄마, 친구들과 싸우는 건 싫어."

그래, 너는 평화주의자구나. 어느 날은 첫째가 축구를 하며 말했다.

"엄마, 친구들이 패스를 안 해줘."

깜짝 놀라서 무슨 일인가 하고 아이의 축구수업을 지켜봤더니 공을 따라가거나 친구들 사이에 끼어들어 공을 찾아오는 일을 힘들어했다. 꼭 남편 같았다.

입사 초 기자협회 축구대회에 참여했을 때였다. 겉으로 봐서는 운동을 잘하게 생긴(?) 남편을 선수로 투입한 선배들이 여기저기서 한숨을 쉬었다. 너무 못해서. 신혼 때 시가에 갔다가 남편의 중학교 성적표를 발견했는데 딱 한 과목만 '우' 아니면 '미'였다. 체육이었다. 100미터 달리기에서 15.9초를 기록한 게 일생의 자랑인 나는 "어떻게 체육을 '우'를 받아?" 하며 남편을 놀렸다.

그러나 남편이 좋았던 것도 '평화주의자'처럼 보였기 때문일 것이다. 세상을 탐험하고 사람들과의 관계에서 힘을 얻는 나였지만, 그만큼 피곤하고 상처받는 일도 많았다. 가만히 서 있는 남편 옆에 있으면 쉬고 있는 것 같았다. 그러나 편안함이 당연해지면 다른 것이 갖고 싶어지는 걸까. 동전의 양면처럼 단점이 보이기 시작했다. 평화주의자인 줄 알았더니 회피주의자였어! 결혼하고 깨달았다. 의견을 크게 내세우지 않는다는 건 자기 의견을 굳이 드러내지 않는다는 뜻이지, 다른 사람의 의견이 다 맞다고 생각한다는 뜻은 아니었다. 신혼 초 다툼에서 늘 따지는 쪽은 나였고, 남편은 "알았어"라는 말로 답했지만 결국은 자기가 생각하는 방식으로 일을 했다. 내 말을 들어주는 척만 하고 자기 마음대로 했다는 걸 깨달았을 때는 이미 화를 낼 타이밍을 놓친 뒤였다.

다만 남편은 많은 일을 내가 결정하도록 둔다. 결정 자체를 어려워해서이기도 하지만, 다른 사람의 결정을 따르는 걸 크게 개의치 않기도 해서다. 그에 비해 나는 결정을 어려워하지 않고, 빠르게 내리고, 일단 결정하고 나면 다른 선택지에 미련을 두지 않는

편이다. 웨딩드레스를 고를 때도 그랬다. 다양한 스타일을 보여주려는 웨딩플래너의 마음은 고마웠지만 딱 잘라 얘기했다.

"저는 많은 것을 보는 게 힘들어요. 저한테 어울릴 스타일로 딱 서너 가지만 보여주세요."

혼수라고 다를까.

"저는 이 브랜드 제품은 사고 싶지 않아요. ○○ 브랜드 제품으로만 보여주세요."

무엇이 더 좋은지 고르는 데 드는 시간이 돈보다 아깝다는 주의다.

남편은 결정을 내리기까지 오래 고민한다. "남편, 점심 뭐 먹을까?"라는 단순하고 일상적인 결정에도 오래 걸리니까 어느 순간부터 주된 결정은 내가 하게 됐다. 그러다 어느 순간 '멀티플레이'에 강하다는 이유로 남편의 일까지 내가 하는 것 같을 때면 억울해졌다. 그럴 때면 외쳤다. "내가 매니저야? 집사야?"

아이들이 태어나고 가사노동과 돌봄노동의 양이 현저히 늘어나면서 내 손은 더 빨라졌다. 머리가 하루 종일 팽글팽글 돌아가는 것 같을 때면 정신이 아득해졌다. "좀 빨리하면 안 돼?" 남편이 원망스러운 때가 잦아졌다. 어떻게 하면 가장 효율적으로 빠르게 해낼 수 있는지 고민하도록 설계된 나와 어떻게 하면 가장 완성도 높게 할 수 있는지 고민하도록 설계된 남편. 싸움은 깊어졌다.

"남편은 목수가 딱 어울려"라며 타박할 때도 있지만 사실 알고 있다. 남편은 참을성이 부족한 내가 힘들어하는 아이들 밥 먹이기, 책 읽어주기 같은 일들을 도맡고 있다. 우리는 훌륭한 팀이다(서로를 답답해할 뿐). 장인정신의 찬찬함을 기다리지 못하는 멀티플레이어와 멀티플레이어의 대충대충을 견디지 못하는 장인의 호흡은 아마 점점 더 좋아지고 있을 것이다.

20대 때는 대중매체의 연애 시뮬레이션을 보고, 리더십이 있어 나를 이끌어주는 남자와 살게 될 줄 알았다. 남녀 관계는 다 그런 줄 알았다. 나를 잘 몰라서였다. 남편과 살면서 나는 나를 더 많이 알게 됐다. 주도하는 게 편하면서 주도하기 어려워하는 사람을 탓하는 건 모순적이다.

남편은 나의 부족한 부분을 채워준다. 내가 막 뛰어가느라 줄줄 흘린 것들을 남편은 주워온다. 덕분에 나는 아무것도 잃어버리지 않을 수 있게 됐다. 남편이 항상 뒤에서 나를 지켜봐주고 있다는 것을 안다. 나무처럼.

황

:

삶이란
그 정도면
충분하다

햇살이 좋은 날, 큰 탁자에 각자 노트북을 놓고 아내와 나란히 앉아서 글을 쓴다. 좋아하는 선배이자 음악가 김목인의 앨범을 배경음악으로 틀었다. 뭘 쓸까 고민하다가, 생각이 안 풀려 소파에 누웠다가, 다시 일어났다가, 책상에 앉았다 일어났다가, 이런저런 컴퓨터 작업창을 켰다 껐다, 그러기를 반복했다. 한 30분쯤 지났을까. 아내가 말했다.

"예전부터 들어보라고 하더니, 음악이 참 좋네. 그동안은 좀 듣다 말았거든."

"그래, 가사가 시 같지 않아? 참 좋지?"

"아니, 난 가사 못 들어. 멜로디가 좋다고."

아내는 직선적이고 급한 성격이다. 시간을 두고 천천히 차례를 지켜가면서 하는 일을 힘들어한다. 요리를 할 때도 재료를 한꺼번에 넣고 다 볶거나 지지고 끓여버린다. 요리 같은 일은 웬만하면 내가 하는 쪽을 택한다.

아내가 늦은 밤 혼자 집에 오고 있다고 하면 걱정부터 앞선다. 밤길이 위험하지 않을까 하는 걱정도 있지만 그보다 더 신경 쓰이는 게 있다. 아내는 앞뒤 안 살피고 신호가 바뀌기도 전에 길을 휙휙 건넌다. 깜짝깜짝 놀란 적이 한두 번이 아니다.

직선적이고 급한 대신 아내는 일처리가 빠르다. 할 일이 생기면 후딱 해치우길 주저하지 않는다. 포기도 빠르고 새로운 일에 착수하는 것도 빠르다. 동시에 여러 가지 일을 처리한다. 하기 싫은 일이 있으면 5분 단위로 계획을 세운다. 3:00~3:05 휴대폰 게임, 3:05~3:15 일하기, 3:20~3:25 휴대폰 게임… 아내의 컴퓨터 메모장에는 이런 계획이 촘촘하게 떠 있다.

나는 주저하고 회피하는 데 익숙하다. 하기 싫은 일이 있으면 더 이상 미룰 수 없는 최후가 올 때까지 미룬다. 어려운 전화 통화를 해야 하면 데드라인까지 미뤘다가 몰래 골방에 틀어박혀 전화를 할까 말까 열 번쯤 고민하고, 그러다 겨우 휴대전화를 들어 번호를 누르고, 다시 열 번쯤 심호흡을 하고 나서 통화 버튼을 누른다. 걱정도 많다. 비행기를 타면 이륙하기 전 별의별 상상을 다 한다. 혹시 이 비행기가 추락하면 어쩌지, 하는 말도 안 되는 생각들이다.

더 큰 문제는 두 가지 일을 동시에 해내지 못한다는 것이다. 안 그래도 일 처리가 느린데 할 일은 쌓여만 간다. 운전을 하면서는 다른 사람의 말에 대꾸를 잘 못한다. 한 가지 일을 하다 보면 나머지 일은 까맣게 잊는다. "그거 했어?" 아내는 아침마다 내게 메시지를 보낸다. 그러면 십중팔구는 "응, 지금 하려고"라는 대답이 돌아간다.

나는 늘 이렇게 말한다.

"언젠가는 하면 되지, 그렇게 서두를 필요가 있어?"

아내는 맞받는다.

"그러다가 꼭 안 하지. 미리 알아서 하는 일이 별로 없잖아."

새집으로 이사하면서 책을 많이 버려야 했던 적이 있다. 읽지도 않고 쌓아놓은 책이 너무 많아 정리는 필요했다. 문제는 두 사람이 생각하는 '버려야 할 책'이 다른 데 있었다. 나는 한 페이지를 펼쳐봤던 책이라도 뭔가 애착이 있어 쉽게 버리지 못한다. 먼 미래를 그려보며, 나중에 아이들이 이 책을 보면 좋지 않을까 생각한다. 그러다 보면 도무지 버릴 책이 없다. 반면에 아내는 버릴 책을 박스에 쓱쓱 담는다. 아내가 정리한 책을 나는 다시 빼놓고, 그렇게 실랑이를 하다가 결국은 다퉜다.

첫째는 내 성격을 많이 닮았다. 한번은 생태학습장에 가서 전기로 운행하는 모노레일을 탔다. 가족 단위로 탑승하고 자동으로 운행하는 모노레일이었다. 맨 앞자리에 나와 함께 앉은 첫째가 걱정스런 눈빛으로 나를 쳐다봤다.

"왜 그래? 어디 아파?"

첫째가 머뭇거리다 앞의 계기판을 가리키며 말했다.

"아빠, 이거 배터리가 다 떨어지면 어떡해?"

첫째가 가리킨 곳을 보니 모노레일의 배터리 잔량이 98퍼센트라고 표시되어 있었다. 꽉 찼다가 떨어지는 배터리 잔량을 보고 불안했던 모양이다. 괜찮다고 막 웃다가 문득 마음이 찌릿했다.

"오르막을 오를 때는 배터리를 쓰지만 내려갈 때는 다시 충전되니까 괜찮아."

그렇게 말해주고 머리를 한 번 쓰다듬어줬다.

첫째를 바라보다 보면 잊어버리고 살았던 어린 시절 추억이 불쑥불쑥 떠오른다. 초등학교 저학년 시절이었던 것 같은데, 하루 종일 교실에서 방귀를 참았다. 부끄러워서 도무지 방귀를 뀌지 못했던 것이다. 하루 종일 꾸르륵거리는 배를 움켜잡고 있다 보니 배가 살살 아파왔다. 견디지 못해 조퇴를 하고 집에 가는 길에 시원하게 방귀 대포를 몇 번 배출하고 하니 아픈 배가 가라앉았다. 첫째는 나만큼은 아닌 것 같지만, 확실히 자신 있게 의사 표현을 하지는 못한다.

"말끝을 흐리지 말고 끝까지 얘기해야지."

이렇게 말하고 나니 초등학교 때 선생님께 똑같은 말을 들었던 게 떠올랐다.

첫째는 쓰고 난 모든 물건을 제자리에 두는 게 익숙하다. 내가 대충 쓰고 옆에다 둔 치약도 다시 제 위치에 꽂아둔다. 장난감을 포장한 박스 하나도 그냥 버리지 못한다. 책을 읽거나 장난감을 조립하고 있을 때는 열 번을 불러도 대답을 안 한다. 나도 어렸을 때는 그런 것에 집착했다. 뭔가에 집중하면 다른 소리를 잘 못 들었다. 어렸을 때 베고 자던 낡은 베개를 버렸다고 하루 종일 울었던 기억도 난다. 신중한 첫째는 곧잘 엄마에게도 잔소리를 한다. 번호키로 현관문을 열 때 비밀번호를 누르자마자 재빨리 문을 당겨버리는 성질 급한 엄마에게 첫째는 이렇게 말한다. "엄마! 문을 그렇게 빨리 열면 고장 나!"

둘째는 아내를 더 닮았다. 행동이 시원시원한 편이다. 자기가 원하는 것이 있으면 또박또박 말한다.

"왜 집에 포도주스가 없는 거야."

언젠가 한번 포도주스를 사줬더니, 이제는 냉장고를 열고 당연하다는 듯 말한다. 매일 먹으면 안 될 것 같아 높은 찬장에 넣어둔 사탕을 꺼내달라고 해서 주면 조심스럽게 내 귀에 입을 대고 소곤댄다.

"엄마한테는 먹었다고 하면 안 돼." 녀석은 전환도 빠르다. 원하는 걸 얻기 위해 떼를 쓰고 뒤집어졌다가도 '마이쮸'나 '바나나꿀단지(우유)' 하나 사준다고 하면 금방 안색을 바꾸고 따라나선다.

아내와 함께 살면서, 또 두 아이가 자라는 모습을 보면서 나를 다시 돌아본다. 내 성격이 나조차도 마음에 쏙 드는 건 아니다. 내가 바라는 이상적인 인간상과는 거리가 멀다. 따뜻하면서도 냉정하고, 집요하면서도 포기가 빠르며, 집중력이 강하면서도 멀티태스킹이 되고, 걱정이 많으면서도 시원시원한, 뭐 그런 사람이었으면 좋겠는데 마음대로 되지는 않는다.

가장 마음에 안 드는 부분은 기울어진 바닥처럼 부정적인 쪽으로만 사고 프로세스가 주르륵 흘러간다는 점이다. 한번은 저녁 모임에서 한창 분위기가 무르익었는데 술집이 문을 닫아야 한다는 얘기를 들었다. 그 집에 들어간 지 1시간 남짓 되었을 때니 처음부터 알려줬으면 좋았을 텐데, 매상을 올리려고 뒤늦게 말하는 것 같아 괘씸하게 여겨졌다. "여긴 다신 안 와야겠네!" 나는 일부러 주인 들으라는 듯 큰소리로 말했다. 그런데 내 맞은편의 일행은 완전히 다른 반응을 보였다. "아이, 그러면 다음에 올 때는 꼭 잘해주셔야 해요!" 나도 늘 그런 쿨한 사람이 되고 싶었는데….

그날 이후 그 장면을 많이 곱씹었다. 나는 늘 뭔가 불만족스럽고, 인상을 찌푸리는 일도 많다. 매일의 일상을 따져보면 60퍼센트는 기분이 안 좋고, 20퍼센트는 기분이 그저 그렇고, 20퍼센트만 기분이 좋은 것 같다. 그럴 때면 다시 생각한다. 이렇게 나를 돌아보면서 담백하게 글을 이어나갈 수 있다는 것만 해도 많이 나아진 거라고. 20대에는 그런 나 자신이 싫어서 혼자 끙끙 앓거나 술을 마셨고, 때때로 엉뚱한 데 화풀이를 하기도 했다. 내가 어디에서부터 왔고 어디로 흘러가는지를 가만히 앉아 거리를 두고 조망할 만한 여유도 능력도 없었다.

이제는 많이 나아졌다. 아내와 결혼을 하고 아이들을 낳아 기르면서 좀 더 객관적으로 나를 돌아볼 수 있게 됐다. 스스로가 마음에 들지 않아서 나 자신을 괴롭히는 일이 나뿐만 아니라 주변에 있는 사람들을 괴롭히는 일이기도 하다는 사실을 잘 안다. 아내는 내가 푸념을 늘어놓으면 "그래도 남편은 좋은 사람이잖아"라고 말해준다. 무엇보다 햇살 좋은 날 나란히 앉아 음악을 들으며 글을 쓰는 일은 오랫동안 나의 꿈이었다. 가사를 제대로 듣지 못하는 아내지만, 그래도 좋다. 삶이란 그 정도면 충분하다.

임

:

남편이
육아휴직한 뒤
진짜 동지가 됐다

아이를 키우면 주말에도 좀처럼 쉴 수 없다. 늘 수면 부족이다. 당연한 일이다. 지금 내게는 아이를 돌보아야 할 의무가 있다. 남편과 나는 늘 지친 표정으로 "쉬고 싶다"를 외친다. 물론 괴롭기만 한 것은 아니다. 아이들은 괴로움만큼, 괴로움 이상의 웃음을 준다.

"엄마, 여기는 도깨비 집이야."

그림책을 본 둘째가 스케치북에 알 수 없는 형상(?)을 그려놓고 말했다. "엄마는 무서워" 하며 과장되게 반응하면 아이는 활짝 웃으며 말한다.

"엄마, 괜찮아. 내가 지켜줄게."

아이를 통해 느끼는 평온과 환희는 이전에는 느낄 수 없었던 감정이다. 물론 아이가 아무리 예뻐도 주말에는 쉬고 싶지만. '예쁘지만, 기쁘지만, 쉬고 싶어…' 어떤 무한 루프 같은 것일까. 양육의 환희와 양육의 고통은 이어져 있다.

지난 주말, 두 아이는 공원에 가서 킥보드를 탔다. 그냥 앉아서 유유히 지켜볼 수 있으면 좋으련만. 고작 36개월인 둘째는 헬멧을 씌우고 무릎과 팔꿈치에 보호대까지 해줘도 불안하다. 아, 아무리 타고 싶어 해도 킥보드를 사주지 말았어야 했는데. 그러나 이미 늦었다.

남편은 킥보드를 타는 둘째를 내내 따라다녔다. 30분쯤 지났을까. 남편이 힘들어 보인다는 생각을 했다. 이상하다. 남편이 힘들어 보이면 양가감정이 든다. 힘들어서 어쩌나, 하는 애잔한 감정과 너도 더 힘들어봐라, 라는 못된 생각이 동시에 올라온다. 남편 개인의 잘못이 아니란 걸 알면서도 화살은 종종 남편을 향한다. 양육의 의무를 엄마가 더 지라는 세상의 목소리를 누가 내는 것인지 알 수 없을 때, 그 커다란 목소리 앞에 무력할 때, 남편이 그 구조에서 유리한 고지를 점하고 있다는 생각이 들면 더욱 화살이 갔다.

남편이 둘째를 돌보는 동안 상대적으로 수월한 첫째를 돌봤다. 첫째는 혼자서도 킥보드를 잘 탄다. 문제는 킥보드로 끝이 아니었다는 데 있다. 공원에서 우연히 학교 친구를 만났다. 그 친구는 자전거를 타고 있었다. 보조바퀴가 있는 자전거도 아니고 두발자전거를! 첫째에게는 삼촌이 선물로 사준 자전거가 있었지만 그동안 관심이 없었는데, 친구가 타니 얘기가 달라졌다.

그렇게 시작된 '아이의 첫 자전거'는 드라마에서 보던 것만큼 로맨틱(?)하지 않았다. 어른 남자가 여덟 살 아이 자전거 높이에 맞춰 허리를 구부려 계속 잡아줘야 하는 일. 그때부터였다. 남편의 체력은 급속도로 저하되기 시작했다. 부모의 체력을 고려하지 않는 아이들은 집으로 돌아오면서 보채기 시작했다. 첫째는 집에 있는 자기 자전거를 타고 싶다고 했고, 둘째는 놀이터에 가고 싶다고 했다. 그냥 집에 들어가서 물놀이를 하며 씻고 쉬면 좋겠건만 아이들은 어른들의 사정을 봐주지 않는다. 남편은 아이들을 데리고 다시 놀이터로 향했고, 나는 집으로 돌아와 설거지와 빨래를 했다. 1시간쯤 지났을까. 돌아온 남편의 얼굴이 흙빛이었다.

"나도 힘들어."

남편이 휴직하고 곧잘 하는 말이다. 퇴근하고 집에 돌아왔을 때 어질러져 있는 거실을 훑어보고 나도 모르게 "좀 치우지" 하고 말할 때, 첫째의 주간학습 계획표를 보다가 뭔가 빼먹은 게 있어 타박할 때 남편은 말한다.

"나도 힘들어."

여덟 살, 네 살 아이들이 시도 때도 없이 장난감을 가지고 놀고, 음식을 여기저기 흩뿌리며(?) 먹는다는 걸 누구보다 잘 알면서 왜 그런 말이 튀어나올까. 어린이집 준비물을 빼먹고 출근해 회사에서 자책하던 내 모습이 지금도 이렇게 생생하게 떠오르는데 왜 남편을 타박하게 될까.

퇴근하고 돌아오면 남편은 이미 소진된 표정이다.

"어때? 회사 일이 나아, 육아가 나아?"

"회사 일이 낫지"라는 힘없는 대답이 돌아오면, 남편과 역할을 바꿔서 신나기만 할 줄 알았던 나는 마음이 짠해진다. 그리고 이상하게도 '동지'라는 단어가 떠오른다.

얼마 전 첫째 숙제에 대해 남편과 논의하다가 "내가 퇴근하기 전까지 남편이 다른 거 다 해놔야지. 첫째 초등학교 적응 때문에 육아휴직한 것도 있는데"라고 말했다. 그 얘기를 전해 들은 친구가 말했다. "남편한테 사과해! 애들 때문에 정신없는 거 다 알면서." 그 친구는 전업주부였다. 돌봄을 전담하는 게 어떤 일인지 잘 알고 있다고 생각했지만, 막상 나도 역할을 바꾸고 보니 남편의 상황보다는 내 상황을 중심으로 생각하고 있었다. '아, 이런 건 내가 오기 전에 다 해놓지.' 얼마나 싫어한 말이던가.

남편의 육아휴직을 보고 주변에서는 다들 이렇게 말한다.

"경상 씨가 참 대단해요."

그럼 나도 모르게 욱한다.

"저는 육아휴직 두 번이나 했고요, 신생아를 키웠어요."

그 말에는 '다 큰 애들 보는 게 뭐가 힘들어요?'라는 말도 숨어 있다. 그러나 비교하는 것 자체가 무의미하다는 걸 안다. 신생아든, 미운 네 살이든, 초등학교에 간 아동이든 육아는 고된 일이다.

남편이 육아휴직하기 전까지 가사노동의 분담을 조정하는 것은 항상 나였다.

"남편, 내가 힘들어. 일을 더 나눠서 해줘."

울며 사정한 날들도 있었는데 이제는 달라졌다. 돌봄노동에 시달릴 것이 분명한 남편을 위해 회사에서 뛰어와야 한다. 처음에는 '그것 봐, 내가 얼마나 힘들었는지 이제 알겠어?' 하는 알 수 없는 쾌감(?)에 짜릿했지만 지쳐 있는 남편의 표정을 보면 '서로의 상황을 비교해봤자 무슨 소용이야'라는 생각이 든다.

이제야 남편이 진짜 내 편 같다. 몸으로 해보지 않으면 알 수 없는 일들을 우리는 이제 정말 함께하며 서로의 상황을 짐작할 수 있게 됐다. 햇볕이 뜨거운 날이면 운동장에서 노는 아이들을 지켜보고 있을 남편이 진심으로 걱정된다. '오래 서 있으면 정수리가 뜨거워지는데.' 둘째는 이제 장난감을 찾을 때도 아빠를 부른다. "엄마가 찾아줄게"라고 하면 "엄마 말고 아빠"라고 콕 집어 말한다. 아빠와의 시간이 쌓여가면서 내가 알지 못하는 영역이 생겼기 때문일 것이다. "아빠, 아빠" 하며 아빠에게 매달리는 아이들의 모습을 보고 있으면 후련하다가도 금세 마음이 짠해진다.

남편이 육아휴직을 마치고 나서 우리가 다시 함께 회사에 다니고 함께 돌봄노동을 나누게 되면, 나는 이전보다 덜 힘들까? 아마 아닐 것이다. 여전히 이 사회는 육아에서, 가정에서 엄마가 더 많은 일을 해야 한다고 여기니까. 남편의 노력과 별개로, 내가 힘든 이유는 구조와 인식의 문제니까. 남편의 6개월 육아휴직만으로 엄청난 변화가 생기진 않을 것이다. 그럼에도 불구하고 이런 작은 행동들이 모여서 결국 구조와 인식이 변하지 않을까. 그래서 지금 이 시간이 매우 귀하다고 느낀다. 우리가 이전과 같을 수는 없을 테니까.

황

⋮

매일의 지난함을
함께 통과하는
'동지'

첫째가 태어나고 한 달 즈음 되었을 때니, 아주 오래전 일이다. 아내는 아침에 출근한 나에게 방긋방긋 웃는 첫째의 모습을 동영상으로 찍어 보내줬다. 보고 또 들여다보고 하면서 조금은 안심했던 것 같다. 아이를 낳고 육아휴직을 하고 집에서 혼자 갓난쟁이와 고군분투하고 있는 아내를 생각하면 마음이 무거웠는데 이제 좀 나아지려나 보다 생각했다.

그런데 그날 오후에 아내에게 전화가 또 왔다. 정말 도망가고 싶다고 했다. 울기도 했다. 아침에 방긋댄 건 잠깐이고 그 이후로는 내내 칭얼거렸던 모양이다. 저녁에 퇴근하고 가보니 아내의 안경에는 눈물 자국이 그대로 남아 있었다. 모든 게 처음이라 사소한 것도 조심스럽고, 행여나 아이에게 해가 되는 일을 하고 있지는 않을까 걱정하면서 홀로 집에 있었으니 얼마나 힘들었을까. 외롭다는 말로는 설명하기 어려운 고립감이었을 터다. 육아휴직 시절 아내는 퇴근하는 나를 지하철역까지 마중하러 나오는 일을 좋아했다. 그렇게라도 하지 않으면 견딜 수 없었던 것 같다.

첫째를 낳고 나서 아내는 모유를 먹이는 것도 힘들어했고 잠도 잘 자지 못했다. 내가 간호사에게 하소연을 하자 단호한 대답이 돌아왔다.

"엄마는 원래 그래야 해요."

원래 그렇게 힘들어도 되는 사람은 없는데. 엄마는 그 모든 걸 버텨야 했다.

첫째가 태어나고 나서 어머니께 물었다. 나를 낳았을 때 어머니도 그렇게 힘드셨냐고. 어머니도 아내와 비슷한 이야기를 하셨다. 애는 하루 종일 울어대는데 젖은 잘 안 나오고 해서 몹시 힘드셨다고 했다. 산후조리를 돕던 할머니가 산후에 울면 눈이 나빠진다고 해서 제대로 울 수도 없었다고 했다.

내가 육아휴직을 하고 육아를 전담하고 있는 지금은 아이들도 많이 컸다. 둘이 놀면 그냥 놔두고 다른 일을 해도 될 정도다. '그래, 이 녀석들 어렸을 때에 비하면 지금은 많이 편하지.' 그럼에도 한 가지 사실은 변함이 없다. 귀찮거나 힘들다고 해서 열 번 중 한 번쯤은 마음을 놓아도 된다는 생각은 할 수 없다는 것, 한 번의 실수로도 전부를 못한 거나 마찬가지가 될 수도 있다는 것이다.

언젠가 들었던 해군 잠수함 사령부의 모토는 "백 번 잠항하면 백 번 부상한다"였다. 잠수함은 바닷속에서 아무리 작전을 잘 수행해도, 단 한 번 바다 위로 나오지 못하면 그걸로 끝이다. 육아도 마찬가지. 아이들은 잠깐 한눈을 판 사이에 아니나 다를까 사고를 친다. 대체로는 괜찮지만 치명적인 사고로 이어지기도 한다. 둘째가 돌 즈음이었을 때 책꽂이에 있는 책을 뽑는 행동을 했지만 별로 위험해 보이지 않아 내버려둔 적이 있다. 그런데 순식간에 책 모서리에 맞아 눈썹 밑이 찢어졌다. 피가 섞인 눈물을 흘리는 아이의 모습을 보고 어찌나 놀랐는지. 다행히 눈은 다치지 않았지만, 응급실로 달려가서 처치를 받아야 했다.

늘 전쟁하듯이 최선을 다하지만 한 번 삐끗하면 개념 없고 철부지 같은 부모가 될 수도 있다. 첫째가 유치원을 다닐 때, 유치원 가방에 감기약을 넣어두고 투약지시서는 깜박 잊은 적이 있었다. 오후에 아내에게 전화가 왔다. 선생님에게 전화가 왔는데 왜 약만 넣어뒀냐고, 이렇게 하면 안 된다고 말씀하셨단다. 나는 졸지에 투약지시서도 모르고 약만 넣어두는 개념 없는 아빠가 됐다. 기운이 쭉 빠졌다. 약이 있는 줄은 어떻게 아셨지? 첫째가 다른 친구가 약 먹는 걸 보더니 자기도 달라고 했단다. 눈치 없는 녀석.

얼마 전 새벽녘에 빗소리에 깼다가 다시 겨우 잠을 청하는데 아이가 일어났다.

"아빠 나가자, 나가 놀자."

아휴, 정말. 죽겠다는 소리가 입 밖으로 나오려는 찰나, 아내가 방에서 아이를 데리고 나갔다. 30분쯤 더 눈을 붙였을까. 어렴풋하게 들리는 아이들과 아내의 재잘거리는 소리에 잠에서 깼다. 바로 일어나지 못하고 이불에 몸을 묻은 채 안락하게 누워 있으니 어릴 적 생각이 났다. 잠이 덜 깬 채로 침대에 누워 몸을 비비대면서 엄마가 부엌에서 뭔가 뚝딱거리는 소리를 듣던 기억. 그 소리를 들으면 괜히 안심이 됐다. 희미하게 음식 냄

엄마 등에 매달린 형제들

퇴근한 후 아이들은 엄마 아빠 품이 그리웠다는 듯 달려든다.

몸을 내어주고 몸으로 부대끼는 일.

육아를 하기 전엔 이런 '돌봄'을 알지 못했다.

새도 풍겨왔다.

그때는 미처 몰랐다. 그 소리가 바로 매일 다가오는 일상에 맞서 '백 번 잠항하면 백 번 부상하는' 미션을 성실하게 수행하는 소리였다는 것을. 귀찮다고, 힘들다고 도망갈 수도 없고 늘 묵묵히 그 자리에 서서 내야 하는 소리였다는 것을. 엄마도 이불에 몸을 더 파묻고 누워 있고 싶었을 텐데. 육아휴직을 하던 시절 아내도, 지금까지 아이들을 돌봐주신 장모님도 마찬가지였을 것이다. 육아가 온전히 내 영역에 들어오고 나서야 그 지난함을 깨닫는다. 잘해야 본전이고, 문제라도 생기면 모든 게 내 탓인 것만 같은 그 일.

아내가 육아휴직을 하던 시절, 불가피하게 일 때문에 늦게 들어간다고 하면 아내는 알았다고 하면서도 풀 죽은 목소리를 감추지 못했다. 그런 아내의 반응에 나 역시 서운했다. '아, 정말 일 때문에 어쩔 수 없이 그러는 건데… 놀려고 일부러 늦게 들어간 적은 한 번도 없는데….' 그렇게 생각했었다. 그런데 요즘은 "일 때문에 늦어"라는 아내의 메시지에 내가 속을 끓인다. 머리로는 다 이해하면서도 어쩔 수 없이 야속하다. 일을 마친 아내는 파김치가 되어 있기 때문에 어차피 큰 도움도 안 되지만, 그래도 어떤 때는 옆에 있는 것만으로도 훨씬 낫다는 걸 육아휴직을 하고 나서야 알게 됐다. 그저 곁에만 있어도 동지는 힘이 된다는 사실을.

임

⋮

아들, 딸이
아니라
개별 존재다

아이들을 데리고 지하철을 탔을 때다. 8세, 4세 두 아들이 장난을 치며 문 앞에서 아슬아슬하게 서 있었다. 그때 한 할머니가 내게 말을 걸었다.

"아이고, 아들밖에 없어서 어째."

"네?"

"우리 아들 얼굴은 볼 수가 없어. 며느리가 집에 오라는 소리를 안 해. 한번 집에 오라고 해서 갔더니 과일만 주는 거 있지."

웃기는 했지만 기분이 썩 좋지는 않았다. '그럼 할머니, 며느리가 뭘 해주길 바라신 거예요? 며느리가 밥 차리는 사람은 아니잖아요.' 속으로 생각할 뿐이었다. 물론 그 집의 사정은 모른다. 그래도 자신을 찾지 않는 아들이 아니라 며느리를 원망하는 할머니의 얘기를 더 듣고 싶지는 않았다. 할머니는 곧 다음 역에서 내리셨다.

"아이고, 아들밖에 없어서 어째"와 같은 말을 정말 많이 들었다. 그 말에는 '아들은 무뚝뚝해서 부모의 마음을 살펴주지도 않고, 커서는 엄마를 찾지도 않는다'는 뜻이 숨어 있다. 성차별적이고 폭력적인 말 아닌가. 아들은 다 같을까? 정말 아들이 다 그렇게 이상할까?

잘 모르겠다. 지금 두 아이는 어리고 엄마를 너무 좋아하는 시기니까. 첫째와 둘째는 아직 '엄마 바라기'다. 하지만 아이들이 어려도 알 수 있는, 당연한 사실이 하나 있다. 모든 존재는 다르다. 같은 아들이라 해도 첫째와 둘째가 다른 것처럼. 익숙한 레퍼토리처럼 나는 말한다.

"어쩜 이렇게 같은 배에서 나왔는데도 다를까."

첫째는 내 아버지의 얼굴을 빼다 박았다. 나도 아버지를 많이 닮았는데, 눈썹 일부가 끝까지 나지 않는 것도 닮았을 정도다. 신기하게 첫째 눈썹도 끝까지 나지 않았다. 할아버지와 첫째가 함께 다니면 다들 너무 쉽게 '할아버지와 손자'라는 걸 알아본다. 둘째는 남편을 많이 닮았다. 머리카락이 가늘어서 착 가라앉는 것까지 닮았다. 가끔 뜯어보면 시어머니 얼굴을 닮았다는 것을 깨달아 신기하기도 하다. 아, 유전의 힘은 정말.

두 아이의 성격은 반대다. "콘센트는 절대 만지면 안 돼"라고 말하면 조심성이 많은 첫째는 절대 만지지 않는다. 둘째는 웃는 얼굴로 콘센트를 만지려고 하면서, 정말 만지면 안 되는지 시험한다. 첫째가 가만히 앉아서 사물의 원리를 탐구하는 아이라면, 둘째는 자기의 에너지가 어디까지 닿을 수 있는지 탐구하는 아이 같다. 에너지가 많은 둘째를 볼 때면 어린 시절의 내 모습이 떠오른다. 한번은 둘째가 소파 등판 위로 올라가 뛰어내렸다. 놀란 그 순간 어린 시절 대문 옆 난간에서 뛰어내렸던 내 모습이 겹쳤다. 어린 시절 나도 그런 스릴을 즐겼다.

반면 첫째는 차분하다. 몸을 쓰는 것도 즐기지 않고 무엇보다 몸싸움을 싫어한다. 태권도는 절대 배우고 싶지 않다는 말에 이유를 물어보면 "싸우는 건 싫다"라는 답이 돌아온다. 꼭 남편 같다. 주말에 남편과 첫째가 앉아 과학상자나 레고로 무언가를 만들고 있는 것을 보면 첫째의 미래 모습이 남편의 모습이 되겠구나 싶다.

남편과 두 아들에 대한 대화를 나누다 보면 기분이 묘하다. 나는 첫째가 남편을 닮은 점을 보면 괴로워하고, 남편은 둘째가 나를 닮은 점을 보면 괴로워한다. 첫째는 집중력이 좋은 만큼 전환이 잘 안 되는 게 남편과 꼭 닮았다. 가끔은 부르는 목소리를 못 들을 정도로 집중하는 아이. 특히 10분이 소중한 아침 시간, 첫째가 밥을 먹다 갑자기 딴생각을 하고 있으면 속이 부글부글한다. 그러다 남편마저 딴생각을 하고 있으면 목소리가 커진다.

"남편, 지금 내 얘기 듣고 있냐고!"

첫째한테 화내는 걸 참으려 할 때 화살이 가는 건 남편이다.

거꾸로 조심성 많은 남편은 에너지 넘치는 둘째를 보며 전전긍긍한다. 다칠까 봐서다. 생후 36개월이 될 동안 상순소대가 세 번이나 찢어진 둘째는 세상이 어디까지 위험한지 탐험하는 아이다. 한번은 아이가 팔을 다친 것 같아 정형외과에 갔다가 깜짝 놀란 적도 있다. 신규 환자로 등록하려는데 이미 진료를 받은 기록이 있어서였다. 이미 몇 달 전에, 크게 다친 건 아닌지 걱정이 된 할머니가 데리고 온 적이 있었던 거다(별일 아니어서 이야기하는 것을 잊어버리셨다 했다). 나는 둘째처럼 겁이 없으니 '까불이'를 봐도 그냥저냥 여기지만 남편은 기겁을 한다.

"이준이 그렇게 위험한 행동 할 거야?"

남편답지 않게 큰소리로 말할 땐 꼭 나를 책망하는 것 같아 찔린다.

한편, 진중하고 따뜻한 성정의 첫째가 친구들에게 먼저 다가가지 못하고 기다리는 걸 보면 애틋하다. 학교 놀이시간에 누구랑 놀았느냐고 물었을 때 "혼자 놀았어"라는 답이 돌아오면 그렇게 마음이 아프다. 남편도 혼자 있는 걸 편하게 생각하는 사람인데, 오래 지켜보다 보니 혼자 있는 게 편해서이기도 했지만 다른 사람에게 먼저 다가가는 일을 힘들어해서이기도 했다.

얼마 전, 첫째를 데리러 돌봄교실에 가서 몰래 아이를 지켜보았다. 돌봄교실에서 뭘 하고 지내는지 궁금해서다. 다른 친구들은 바닥에서 보드게임을 하거나 삼삼오오 모여 놀고 있는데 첫째는 혼자 책상에 앉아 책을 보고 있었다. 누가 시키지도 않았는데 책을 읽으면 기특해야 할 텐데, 그 모습을 보고 이상하게 가슴이 저려왔다. 괴로워하는 내게 남편은 늘 말한다.

"걱정 마, 클수록 자기와 마음이 맞는 친구를 찾을 수 있게 될 거야."

늘 사람들과 어울리며 인생의 의미를 찾는 내 관점으로만 아이를 보고 있는 것은 아닐까. 남편 이야기를 들으며 안심하는 동시에 다른 사람들에게도 좀 더 다가갈 수 있는 사람이 될 수 있게 도와줘야겠다는 생각도 해본다.

물론 아이들이 본격적으로 남성들의 질서를 배우기 시작하면 많은 게 달라질 것이다. 그 때문인지 나는 아들들을 남중, 남고에 보내고 싶지 않다. 조심스럽고 싸우기 싫어하는 첫째가 남학교에 잘 적응할 수 있을까. 테스토스테론이 넘치는 시기에 강자가 약자를 지배하는 남성적 질서에 순응하게 되는 것은 아닐까. 그 남성중심적인 문화에서 여성을 '2등 시민'으로 보는 시각을 배우면 어떡하지. 아이들이 자랄수록 부모의 영향보다 또래 문화의 영향이 커진다는데, 일부 남자아이들이 여성혐오를 아무렇지도 않게 한다는 이야기를 들을 때면 무섭다. 그래도 노력하고 싶다. 엄마와 아빠가 평등하게 살기 위해 애쓰고 있다는 것을, 약하고 여린 것들을 아끼면서 사는 삶이 아름답다는 것을 집안에서 많이 배울 수 있도록.

그러나 한계도 느낀다. '외할머니'라고 적혀 있는 교과서만 봐도 답답해진다. 친정과 시가를 크게 구분하지 않는 시대에 여전히 바깥 외(外) 자를 써서 '외'할머니라고 부르는 교과서. 실컷 목동 할머니(외가), 구미 할머니(친가)라고 말해왔는데 아이는 교과서에서 '외할머니'라는 단어를 기어이 배워왔다.

이런 괴로움이 앞으로 얼마나 더 잦아질까. 페미니스트인 엄마의 생각과 세상의 괴리는 클 것이다. 여자로 태어나 딸로 사는 괴로움에 대해서는 어느 정도 안다고 생각했다. 주변적 존재처럼 느껴지는 허탈함과 범죄 피해자가 될까 걱정을 멈출 수 없는 일상의 두려움까지. 아들을 키우다 보니 또 다른 어려움을 느낀다. 아들이 남성중심적 질서의 피해자가 될까 봐 두려운 마음과 폭력의 가해자가 될까 봐 두려운 마음이다. 어릴수록 폭력에 대한 대처가 미숙한 아이들을 보면 어떻게 아이를 가해자도, 피해자도 만들지 않고 건강하게 키울 수 있을지 고민하게 된다.

딸을 키우는 고민, 아들을 키우는 고민을 비교하며 재자는 것이 아니다. 고민의 양태는 다르지만 결국 답은 하나로 모이는 것 아닐까. 아이들이 자기 자신으로 살 수 있도록, 어른들이 먼저 세상이 달라질 수 있게 노력해야 한다는 것. 나부터 성별에 갇히지 않고 나 자신으로 살 수 있도록 노력해야겠다는 것. 세상이 달라지지 않으면 가정에서 아무리 애를 써도 아이들을 '남성' '여성'이 아닌 '자기 자신'으로 키우기가 쉽지 않을 것 같다는 생각도 자주 든다.

그렇게 막막해질 때, 아이들을 보면 뭉클하다. '엄마, 너무 걱정하지 마요'라는 말이라도 들은 듯이. 야근을 끝내고 집에 들어가면 현관 앞 색종이가 나를 맞아준다. 첫째가 분홍색, 민트색, 하늘색까지, 내가 좋아하는 색들로만 골라서 써놓은 편지다. 삐뚤빼뚤 꾹꾹 눌러쓴 글씨.

"엄마, 수고했어. 그리고 엄마, 사랑해!"

첫째는 따뜻한 눈으로 세상을 본다. 긴손가락사우루스 공룡이 다른 공룡들과 조금 다르게 생겼다는 이유로 잘 어울리지 못하다가 함께 바깥세상 구경을 하면서 서로 다르다는 사실을 인정하고 존중하게 된다는 동화를 읽고는 이런 감상을 적었다.

"아무리 작은 공룡이라도 착하게 대해주어야 한다. 다 함께 나가야 안전하다."

엄마의 상태를 살피고 엄마가 좋아하는 일을 하려고 노력하는 첫째를 나와 남편은 '스윗 가이'라고 부른다.

둘째는 '에너지 넘치는 애교쟁이'다. 갑자기 내 배를 만지더니 "엄마, 내가 엄마 뱃속에서 살았지?"라고 묻는다. 그렇다고 하니 다시 묻는다. "엄마 배 아프게 수술해서 내가 쏙 나왔지?" 지나가는 말로 "내가 얼마나 아프게 너희들을 낳았는데"라고 했던 말을 잊지 않았나 보다. 자기 전에는 품을 쏙 파고들어 사랑을 퍼붓는다. "엄마 어디에 뽀뽀해볼까?"라고 하면서 입술에 뽀뽀를 하고, 그다음에는 볼에, 그다음에는 이마에.

"아들 키워서 안됐다"는 말은 폭력적이다. 아들은 아들다워야 하고 딸은 딸다워야 한다는 말에는 '남성은 무뚝뚝하고 감정을 섣불리 드러내지 않고, 여성은 다정하고 감정노동을 해야 한다'는 뜻이 담겨 있으니까. 여전히 이 세상에서 남자들은 '남성적'으로 누군가의 감정을 살뜰히 보살피지 않고 살아도 된다는 뜻 아닐까. '남성성'과 '여성성'으로 구분되는 많은 특성들이 자

물총놀이에 빠진 아이들

물총을 가지고 놀 때는 절대 사람을 향해 쏴서는 안 된다고 가르쳤다.
총이라는 물건의 기능을 알게 될까 두렵기도 했다.
아들을 키운다는 것은 무엇일까.
다른 것은 몰라도 아들들이 폭력 앞에 무감해질 때,
계속 예민해져야 한다고 알려주고 싶다.

유롭고 조화롭게 어우러지는 미래의 인간으로 아들들이 자라길 바란다.

모든 존재는 다르다. 아이를 낳고 그 사실을 깨달았다. 나는 아들을 키우는 것이 아니라 한 사람과 함께 크고 있다. 다른 사람을, 그리고 자신을 잘 돌보는 건강한 존재로 아이들을 키우며 나도 더욱 성장하고 싶을 뿐이다. 다른 것은 몰라도 아들들이 타인을 배려하지 않거나 폭력 앞에 무감해질 때, 나는 계속 예민해져야 한다고 알려주고 싶다. 옆에 있는 사람의 감정을 잘 알아채고, 여리고 약한 존재에 먼저 관심을 기울이는 어른이 되길 바란다. 그렇게 자라야 연애를, 사랑을, 그리고 연대를 할 수 있을 것이다.

:

남자답게 키우기,
과연 최선인 걸까

나에게 운동은 콤플렉스다. 지금도 그렇고, 예전에도 그랬다. 스포츠를 포함해서 몸을 움직이는 모든 일이 다 마찬가지다. 초등학교 체육시간에는 뒤구르기를 못해서 괴로웠다. 머릿속으로 시뮬레이션해보고 갖은 애를 써봐도 도대체 어떻게 그게 가능한지 이해할 수가 없었다. 달리기는 늘 꼴찌였다. 아이들은 '돼지' '소' 등 주로 느리고 둔한 동물에 나를 비유하며 놀렸다. 태권도 학원에 다녔지만 학원차가 올 때마다 엄마에게 "오늘 안 가면 안 돼? 선생님에게 아프다고 해줘~" 하며 매일 떼를 썼다. 운동에 관해서 쓰자면 수십 페이지를 쓸 수 있을 정도로 끝이 없다.

안타깝게도 첫째가 운동신경만큼은 나를 닮은 것 같다. 몸을 써서 하는 일에 자신감이 좀 부족하다. 줄넘기나 자전거 타기 같은 것들도 또래 아이들보다 미숙하다. 벌써 보조바퀴를 떼고 능숙하게 자전거를 타는 친구들도 있는데, 녀석은 보조바퀴를 달고도 조심스럽게 탄다. 줄넘기도 손목에 과도하게 힘을 줘서 돌리다가 몇 번 못하고 걸린다.

첫째는 같은 반 친구들과 일주일에 한 번씩 축구를 한다. 보통은 엄마들이 돌아가면서 아이들 간식을 챙겨주는데, 육아휴직을 한지라 내가 아이들에게 나눠 줄 간식을 가지고 가서 지켜봤다. 선생님이 보내주시는 영상으로 본 적이 있어서 축구가 서툰 줄은 알았지만 직접 눈으로 보자니 조금은 맥이 풀렸다.

확실히 볼 터치가 너무나 세심했다. 툭툭 차면서 앞으로 나가야 하는데 공을 살짝살짝 발끝으로 마사지하는 느낌이었다. 다른 아이들은 공을 뻥뻥 차댔다. 나보다도 슛이 더 센 것 같은 아이들도 있었다. '두진이가 12월생이어서 그런가…' 위안을 삼았다가도 다시 속상해진다. 아무 말도 하지 않았는데, 축구 선생님이 다가와 말씀하셨다.

"아버님, 제가 더 신경 쓰겠습니다!"

첫째는 지난가을, 이 축구클럽에서 출전하는 시합에도 나갔다. 막 경기를 시작할 때 슬그머니 보니 역시 스타팅 멤버는 아이었다. 다행히 두 번째 경기에는 출전하게 된 첫째를 위해 경기장 한쪽에 서서 응원했다. 나름의 포메이션은 있었지만 초등학교 1학년들의 축구이니 아무래도 공을 쫓아 우르르 몰려다니는 식의 경기가 계속됐다.

문제는 첫째가 거기에 섞이지를 못했다는 것이다. 같이 따라가서 공도 좀 차고, 상대가 치고 들어오면 달려가서 공도 좀 뺏고 하면 좋으련만. 급기야 녀석은 축구를 하다 말고 경기장에 우두커니 섰다. 자꾸만 나를 향해 정말 모르겠다는 듯한 표정을 지으면서 손바닥을 내밀며 어깨를 으쓱거렸다.

"왜? 왜 그래?"

무슨 일이라도 있나, 안타까운 마음에 물어보니 녀석이 다가와 말했다.

"애들이 자꾸 밀어서 못하겠어!"

아, 한숨이 나왔다.

"원래 축구는 어깨로 다른 사람들을 밀면서 하는 거야. 손만 안 쓰면 돼. 너도 친구들 사이로 밀고 들어가서 공을 한번 차 봐!"

첫째는 도무지 모르겠다는 표정이었다. 녀석은 이리저리 뛰어다니긴 했지만 단 한 번도 공을 건드려보지 못했다. 그 와중에 둘째는 천방지축으로 돌아다니면서 때때로 경기장에 난입했다. 나는 나대로 둘째를 쫓아다니느라 진이 빠졌다. 첫째는 경기에 출전하지 못하고 경기장 밖에서 구경하는 시간이 더 길었다. 그렇게 오전 조별 경기가 모두 끝났다. 토너먼트 진출은 기대하지 않았다. 이제 됐다 싶어 정리하려는데 축구 선생님이 말씀하셨다.

"우리 팀이 준결승에 진출했어요!"

절로 나오려는 깊은 한숨을 가까스로 참았다. 좋아해야 하나, 싫어해야 하나. 우선 함께 온 둘째와 아내를 먼저 보냈다. 한숨 돌리고 첫째를 불러 말했다.

"아빠랑 약속 한 가지만 하자. 다음 경기에 나가면 그냥 공 한 번만 발로 건드려보는 거야. 어려운 거 아니야. 한 번만 공에 발을 대보는 걸 목표로 하자. 이건 할 수 있겠지?"

알아들었는지 아닌지 대답도 하는 둥 마는 둥 한다. 선생님

153

은 아이들을 골고루 출전시키기 위해 지난 경기에 뛰지 못한 아이들에게 손을 들라고 했는데, 녀석은 딴생각을 하는지 손도 안 든다.

"얼른 손 들어야지!"

내가 말하자 마지못해 손을 든 첫째는 드디어 '마지막 경기'에 출전하게 됐다. 확실히 이번에는 움직임이 조금 달랐다. 몇 번 헛발질도 했지만 조금은 적극적으로 변했다. 몇 번의 시행착오 끝에 녀석은 아이들 사이로 비집고 들어가더니 공에 발끝을 '대는 데' 성공했다.

"그래! 그거야!"

골이라도 넣은 것처럼 좋았다. 그제야 마음에도 조금은 여유가 생겨 주변을 둘러봤다. 국가대표 월드컵 경기 못지않게 부모들의 응원 열기가 대단했다. 마치 이 시합에서 이겨야 인생에서도 승자가 될 것 같은 표정으로 환호를 보내고 소리를 지르고 있었다.

남자들의 세계에서 운동은 자존감을 이루는 큰 조각 중 하나다. 단순히 운동을 잘하고 못하고의 문제가 아니다. 운동을 못하면 남자아이들은 확실히 자신감을 많이 잃는다. 다른 모든 것을 잘하더라도 운동을 못하면 남자들 사이에서는 '열등한 존재'가 된 듯한 느낌이 든다.

나는 체육시간에도 한쪽 구석에 쭈그리고 앉아 나와 비슷한 성향의 친구들과 컴퓨터나 게임 이야기를 하면서 노는 아이였다. 그러다 중학생 무렵 만화 〈슬램덩크〉를 보고 농구를 좋아하게 되면서 운동을 조금은 좋아하게 됐다. 아침에 일어나 강백호처럼 미들슛을 백 개씩 연습했다. 토요일에는 방과 후에 몇 시간이고 쉬지 않고 농구를 연습했다. 그럼에도 잘하지는 못했다. 머릿속으로는 슈팅 천재인데 몸은 따로 놀았다. 체육시간이나 점심 때 경기가 벌어지면 거의 늘 지켜보다 교체 멤버로 잠깐씩 뛸 수 있을 뿐이었다. 처음 농구를 한다고 왔는데 몇 시간이고 연습한 나보다 더 잘하는 운동신경 좋은 친구의 모습을 보고 좌절하기도 했다.

때때로 첫째가 학교생활에 대해 말하는 걸 들으면 가슴이 쓰리다.

"아빠, 애들이 나보고 약하다고 해."

아무래도 거칠게 뛰어노는 남자아이들 사이에서 움직임이 크지 않고 책 읽는 걸 좋아하는 첫째가 그렇게 비칠 수 있겠다 싶었다. 내 학창 시절을 떠올려봐도 그랬다. 남중, 남고를 나온 나는 거친 남자들의 세계에 익숙했다. 중학교 때는 같은 반 아이들끼리 하루에 다섯 번씩 꼬박꼬박 치고받는 싸움이 일어났다. 누가 더 강하고 약한지, 아이들은 본능적인 더듬이로 알아냈다. 서로 공격했고 공격받았다. 그 세계란 무라카미 하루키의 소설《양을 둘러싼 모험》에 나오는 구절과 비슷했다.

"어떤 양이 상처를 입어 힘을 잃거나 하면 서열이 불안정해지죠. 그러면 아래 서열의 양이 위로 올라가려고 도전합니다. 그렇게 되면 사흘 동안은 우당탕 난리죠."•

물론 지금은 그때보다 나아졌으리란 생각도 한다. 그럼에도 '싸우는 게 싫어서' 태권도 학원도 가기 싫다는 첫째가 남자들끼리의 세상에 잘 적응할 수 있을지 걱정이 된다. 학교도 그러한데 앞으로 군대는, 사회는? 적어도 어디서 공격받지 않을 만큼의 강인함은 갖춰야 하지 않을까 하는 불안도 고개를 든다. 하지만 과연 그게 최선인 걸까.

그러다 퍼뜩 떠올랐다. 언젠가 한 여성학자를 인터뷰하면서 "요즘 세상이 너무 무서워서 차라리 남자애들을 키우는 게 다행이란 생각도 들어요"라고 말한 적이 있었다. 그분은 내 말에 순간 표정이 굳었다. 그런 생각이 오히려 남자, 여자 모두를 불행하게 만드는 것이라며 남자아이를 잘 키우는 일이 더 중요하다는 취지의 말을 해주셨다.

늘 머릿속으로는 공감 능력이 뛰어나고, 흔히 세상에서 요구받는 남성성과 여성성을 골고루 갖춘 아이가 되었으면 하면서도 어느 부분에서는 불안했나 보다. 작은 캐릭터 피규어 장난감을 가지고 학교에 가서 여학생과 어울리는 걸 좋아하는 첫째를

• 무라카미 하루키 지음, 박영 옮김, 《양을 둘러싼 모험》, 열림원(1997), 287쪽

보고 내심 마뜩치 않았나 싶기도 하다. 굳이 경기장에서 친구들 틈을 비집고 들어가 공 한번 건드리고 오라고 주문한 나의 마음이.

초등학교 1학년인 첫째의 반에서는 남학생들이 축구를 할 때 여학생들은 생활체육을 한다. 축구대회를 마치고 나오면서 경기장을 둘러보니 초등학교 저학년 경기인 만큼 남녀 혼성팀도 있었다. 축구를 싫어하는 여학생도 있겠지만, 좋아하는 아이들은 함께했으면 더 좋았을 텐데. 남자아이라고 다 축구를 좋아하지는 않을 테니 다른 스포츠로도 즐거운 시간을 보낼 수 있도록 하면 좋을 텐데, 하는 생각도 들었다.

첫째가 축구를 싫어하진 않는다. 여전히 깨지기 쉬운 계란이라도 다루는 듯 조심스런 볼 터치를 보여주지만 처음보다는 많이 늘었다. 줄넘기는 이제 'X자 뛰기'도 한다. 나보다 낫다. 아이들은 늘 부모보다 낫다. 아이들이 맞이할 세상도 내가 겪었던 세상보다는 나을 것이다. 운동을 못해서, 세상이 남자들에게 요구하는 특성을 갖추지 못해서 불안해하기보다 그걸 '남성성'으로 여기고 과시하는 게 촌스럽게 여겨지는 세상이 올 것이다.

〈슬램덩크〉의 강백호는 안 감독님에게 말했다.

"영감님의 영광의 시대는 언제였죠? 국가대표일 때였나요? 난 지금입니다!"

강백호가 그 순간 자신의 플레이가 가장 뛰어났기 때문에, 뽐

축구공아, 기다려

축구를 잘하고 못하고를 떠나,
우리 아이들이 다른 사람들 사이에서 함께 뛰며
믿음을 주고받는 경험을 하기를 바란다.

내고 싶어서 '영광의 시대'라고 말했다고 생각하지 않는다. 뛰어난 능력보다는 나와 함께하기를 바라는 동료가 있다는 것, 그 자리에 서고 싶고 또 설 수 있는 자기 자신을 느꼈기 때문이라고 생각한다.

나 역시 비슷한 순간에 대한 기억이 있다. 지금도 떠올리면 가슴이 두근거리는 기억이다. 중학교 시절 한창 농구를 할 때, 어느 날 팀의 에이스인 친구가 나에게 패스를 해줬다. 막상막하로 치열한 경기가 벌어지면 보통은 실패할까 봐 나한테는 공을 잘 안 주는데, 그날은 나를 믿고 준 것이다. 그 패스를 받아 골밑슛을 성공했다. 그 짜릿한 순간에 그 친구와 하이파이브를 했는데, 그 손맛을 아직도 잊을 수 없다. 슛이 성공해서도 기뻤지만, 함께한 친구와 주고받은 몸짓과 마음이 더 짜릿했다. 그 이후에도 운동을 잘하진 못했지만. 이십 년 뒤의 나는 어렴풋이 깨닫는다. 운동을 잘하고 못하고, 이기고 지는 것보다 사람들 사이에서 함께 뛰며 믿음을 주고받는 경험이 더 중요하다는 것을. 첫째에게도 그런 영광의 순간이 찾아오기를.

나는 어떤 부모가
되고 싶은가

"그래도 해야지. 안 할 거야?"

저녁마다 실랑이가 벌어진다. 첫째의 수학 문제집 때문이다. 아이는 몸을 배배 꼰다. 하기 싫다는 뜻이다. 그렇다고 그냥 둘 수는 없다. 수업시간에 다 하지 못한 숙제를 들고 오는 데다 집에서 매일 문제를 풀게 해달라는 담임 선생님의 당부도 있었다. 아이와의 기 싸움이 시작됐다.

"할 거야, 안 할 거야?" 딱딱한 내 물음에 "할 거야"라는 하기 싫은 아이의 목소리가 돌아온다. 힘겹게 문제집 2~3쪽을 넘기는 동안 답답한 마음에 흘러나오는 몇 번의 한숨을 참고 나면 드디어 아이가 문제를 다 푼다. '아이의 속도에 맞춰 기다려주는 일은 정말 힘든 일이구나.' 그래도 마지막에는 꼭 "최선을 다해서 끝까지 풀다니 정말 잘했다! 우리 아들 최고!"하며 칭찬을 퍼부어준다.

첫째가 초등학교에 들어가기 직전, 나는 아이가 1부터 100까지 셀 수 있는 것만으로도 기특했다. 그런데 막상 학교에 들어가고 보니 같은 반에 뺄셈을 못하는 아이가 별로 없는 모양이었다. 걱정이 돼서 주변 엄마한테 물었더니 "선행을 하나도 안 해서 그래요"라는 답이 돌아왔다.

"초등학교 입학 전부터 선행을 해야 한다고요?"

"벌써 보수를 아는 아이들도 있어요."

거창한 선행학습이 아니어도, 숫자를 셀 수 있고 한 자릿수 덧셈 뺄셈을 무난하게 할 수 있을 정도로 해놓는다는 얘기를 들었다. 흔히들 말하는 '엄마표 수학'이었다. 담임 선생님도 선행 학습을 하는 아이들이 많다는 사실을 넌지시 알려주셨다. 내가 너무 무심했던 걸까. 아이가 처음 수학익힘책을 숙제로 들고 왔을 땐 크게 신경 쓰지 않았다. 하지만 그 횟수가 늘어나니 예민해졌다.

"왜 수업시간에 다 못 하는 거야?"

어느새 아이를 다그치게 됐다. 엄마의 무서운 표정에 아이는 더 긴장했다. 결국 평소보다 답을 찾기 힘들어했다. 다 풀고 함께 누워서 아이를 재우는데 또 왈칵 눈물이 났다. '다른 아이들은 다 배우고 와서 쉽게 하는 걸 너는 하나도 연습하지 않아 힘들겠구나. 엄마가 무심해서 미안하다.' 그런 생각 때문이었다.

유아 사교육 시장은 계속 확장 중이다. 그걸 모르는 건 아니었다. 동네에서도 유아 사교육을 홍보하는 전단지를 여러 번 받았다. 뇌를 발달시키는 수학, 골라 읽게 해주는 독서교육, 한자, 중국어 등등. 하지만 무슨 자신감인지 아이에게 수학, 영어 관련 사교육을 시키고 싶지 않았다. '어차피 앞으로는 싫어도 숨가쁘게 뛰어야 하는 삶을 살아야 할 텐데, 벌써부터 괴롭히고 싶지 않아. 놀아라, 맘껏 놀아라. 일곱 살이 마지노선인지도 모른다.' 그런 마음이었다.

그랬던 내가 '엄마표 수학이라도 할걸'이라는 생각을 하게 될 줄은 몰랐다. 괜히 아이만 힘든 건 아닐까. 어쩌면 결국 우리의 선택이 잘못된 것은 아니었을까. 세상이 어린아이들에게 '놀이'가 아닌 '학습'을 권하는 게 싫다고 해서 학습을 피하면, 결국 힘든 건 아무것도 모르는 아이들 아닐까.

좋은 영어학원의 레벨테스트를 통과하기 위해 과외수업을 받는 것도 이제는 꽤 지난 얘기라고 한다. 놀이 중심으로 교육과정을 만드는 한 어린이집 선생님은 말했다. 유아 때부터 사교육을 시작한 여섯 살 아이가 새로 어린이집을 옮겨 왔는데, 계속 자유롭게 놀게 해주니 이렇게 물었단다.

"선생님, 공부 언제 해요?"

친구와 장난하다 갈등이 생기자 이렇게 말했다고도 했다.

"너 수학 지옥에 빠지고 싶어?"

아이들을 이렇게 만든 건 과연 어떤 어른들인가. 다들 유아 사교육을 하니 어린이집, 유치원도 자유롭기 힘들다 한다. 놀이 중심으로 교육과정을 짜려고 해도 많은 부모들이 '학습'을 시켜 달라고 요구하기 때문이다. 첫째는 병설유치원을 다녔다. 병설유치원은 공립유치원이기 때문에 교육부의 누리과정을 충실히 이행한다. 그런 교육과정에 대해서 '아무것도 안 하고 오는 것 같다'고 말하는 부모들도 있었다. 방과 후 수업 도중 학원에 가기 위해 나가는 아이들도 적지 않았다.

취재를 하다 만난 어린이집 원장님들, 유치원 원장님들은 '도대체 엄마들은 왜 그러느냐'고 물었다. 단순하게 설명하기 어려웠다. 시장의 문제일까. 사교육 업체들은 부모들의 불안을 집요하게 부추긴다. 청년 취업률이 사상 최저인 한국에서, 경쟁은 점점 더 치열해진다는 걸 알고 있는 부모가 아이를 위해 무엇을 할 수 있을까. 정규직이 비정규직을 차별하고, 중소기업과 대기업 간 임금 격차가 큰 사회에서 아이가 어떤 삶을 살기를 바랄 수 있을까. 지금 우리 사회가 보통 사람이 편안하고 행복하기 힘든 구조라는 것을 뻔히 알고 있는데, 내 아이만은 다른 삶을 살았으면 하는 마음으로 밀어붙이는 것을 어디까지 나무랄 수 있을까. 물론 지금 아이들이 성인이 되는 20년 뒤의 세상이 어떤 모습일지 부모들은 잘 알 수 없다. 그러나 부모라는 존재는 원래부터 눈 오는 날 자식이 가는 길은 싹싹 쓸어놔야 안심이 되는 존재일지도 모르겠다. 이런 부모들의 '불안'을 교묘하게 파고드는 사교육 업체들을 규제하면 좀 나아질까. 그것도 잘 모르겠다.

첫째가 다섯 살이 됐을 때 둘째를 낳았다. 조리원 친구를 통해 '가베'라는 것을 알게 됐다. 아이가 다양한 도형을 가지고 놀면서 자연스럽게 수 감각을 익히게 해준다는 교구였다. 여섯 살 첫째 아이가 있던 조리원 친구는 일주일에 한 번씩 선생님이 와서 아이에게 '가베'로 수업을 해준다고 했다.

아무 생각 없이 살던 내가 묘하게 창피했다. 창의력, 수리력

등등 좋은 말로 무장한 교구 광고를 보면서 너무 사고 싶어졌다. 회사에 다닌다는 이유로 그동안 첫째의 교육에 너무 무심했던 것 아닌가 하는 이상한 죄책감도 올라왔다. 광고에 취하고 죄책감에 사로잡히자 교구를 구매하는 것은 순식간이었다. 그 이후로 몇 달간 일주일에 한 번씩 선생님이 왔다.

하지만 어느 날, 수업을 그만두기로 결심했다. 다섯 살 아이에게 이등변삼각형을 가르친다는 걸 알게 되고서였다. 이건 아니다 싶었다. 요즘 아이들은 초등학교 4학년쯤이면 중학교 과정을 마친다고 한다. 물론 일부 이야기일 테다. 그래도 그런 이야기를 들으면 덜컥 겁에 질린다.

도대체 어느 정도로 선행을 해야 아이가 '바보'가 되지 않을 수 있을까. 잘 모르겠다. 우선 이번 여름방학 때는 뺄셈 연습을 매일매일 하기로 했다. 그러나 선행학습을 하는 다른 아이들에 비해 우리 아이가 뒤처지면 어떻게 해야 할지는 아직 결정하지 못했다. 다음 날 수업을 예습하는 정도면 될까. 그 정도는 선행이 아니고 '예습'이니 좋은 교육 방법일까.

답이 없는 불안이 올라올 때면 중요한 질문을 떠올린다. '어떤 사람으로 자라길 바라는가.' 스스로 좋아하는 것과 좋아하지 않는 것을 구분할 수 있는 아이, 그렇게 자기가 찾은 적성을 기반으로 자신의 일을 찾아나갈 수 있는 아이, 괴롭고 힘든 날이 있어도 따뜻하고 좋은 날의 기억으로 견뎌낼 수 있는 아이, 사

안전하게 시소 타는 법

형제가 시소를 함께 탈 수 있게 됐다.

몸무게가 많이 나가는 첫째가 둘째의 호흡에 맞출 수 있게 되었기 때문이다.

어떤 아이로 자라길 바라는가.

맞다, 시소를 잘 탈 수 있는 아이가 되었으면 좋겠다.

회의 잘못된 구조에 투항하지 않고 스스로 사고하며 세상이 나아지는 방향을 고민하는 아이. 이렇게 거창한 단어들을 늘어놓고 나면 '모두가 선행학습 하는 사회'에 대한 불안은 조금 가라앉는다.

그렇다면 남는 질문은 다시 '나'다. 불안하다는 이유로 다른 아이와 비교하며 다시 아이를 불안하게 만드는 부모가 될 것인가, 아이의 속도를 지켜보며 아이를 믿어주는 부모가 될 것인가. 나는 어떤 부모가 되고 싶은가.

황

:

함께 뛰는
페이스메이커

창문 밖에는 밤비가 내리고 있었다. 오렌지빛 뿌연 불빛이 듬성듬성 내비치는 창밖을 바라보면서 첫째 아이와 나란히 앉았다. 왠지 낭만적인 느낌이 들었지만 실상은 그렇지 못했다. 시곗바늘은 벌써 밤 11시를 가리키고 있었다. 녀석이 안쓰러워 어깨를 감싸 안으며 이렇게 말했다.

"이런 말이 있어. 영원히 살 것처럼 배우고, 내일 죽을 것처럼 살아라. 아빠도 어른이 됐는데도 아직까지 늘 공부하는 거 봤지? 공부가 힘들긴 하지만 재미있을 때도 있어. 잘할 수 있지?"

고개는 끄덕였지만 내 말이 무슨 뜻인지 이해하지는 못하는 것 같았다. 눈을 비비면서 졸려 하는 모양새다. 우리는 왜 밤 11시에 이렇게 앉아 있어야 하나. 자려고 막 침대에 누웠을 때 첫째가 이렇게 말했기 때문이다.

"아, 맞다. 빼기 숙제 있는데…." 우리 앞에는 녀석이 학교에서 가져온 '빼기 숙제'가 있었다.

그때부터는 전쟁이었다. 하기 싫은데 안 할 수는 없고, 녀석은 어째야 좋을지 몰라 몸을 비비 꼬았다. 책상에 앉혀서 몇 문제를 겨우 풀었지만 아이는 집중하지 못하고 딴짓을 했다.

"이렇게 할 거면 하지 마. 아빠는 숙제 안 해 가도 상관없어. 네가 해야 할 일이잖아. 아빠는 도와주는 거고."

다 포기하고 침대에 누웠더니 녀석은 눈물을 흘리는지 계속 코를 훌쩍였다. 다시 녀석의 손을 잡고 스탠드 불빛을 켜주고 앉혔다.

"동생 재우고 올 테니까 하고 있어."

둘째를 재우고 가보니 의외로 문제를 다 풀어놓았다. '역시, 안 해서 그렇지. 할 수 있어.' 그런데 아뿔싸, 답이 다 틀렸다. 빨리 끝내기 위해서 위에 1을 쓰면 밑에 2를 쓰는 식으로 빈칸만 채워놓은 것이었다. 지우고 다시 하나하나 문제를 풀게 했다. 녀석은 졸음이 쏟아지는지 연신 하품을 했다. 윽박질렀다가 달 랬다가를 반복했다. 녀석은 바둑돌을 이용해 이리저리 세어가 면서 겨우 빈칸을 채웠다.

"고생했어, 아들. 얼른 들어가 자!"

아이에게 처음부터 이렇게 공부하라고 다그치지는 않았다. 이제껏 아이를 키우면서 공부를 잘하지 못한다고 뭐라 한 적도 없었다. 초등학교 입학 전 언젠가, 첫째가 한글 쓰기 책에 '바 버 보 부 브 비'를 열심히 따라 쓰고 나더니 페이지 위에다 '80점' 이라고 적은 적이 있다. 왜 80점이냐고 물으니 아이는 잘못 쓴 글자들을 가리켰다. 그때 둘째가 바닥에 대소변을 흘려서 정신 없었던 나는 "왜 80점이야? 하려고 하는 의지만 있다면 언제나 100점이야"라고 무심결에 말해주었다. 전쟁 끝에 애들을 재우 고 책상 위에 앉아 첫째의 한글 쓰기 책을 보니 '80점'에 줄이 쓱쓱 그어지고 그 옆에 '100점'이라고 다시 쓰여 있었다. 코끝 이 찡했다.

아이들이란 이렇게 작은 말에도 힘을 얻는구나. 결과보다는 언제나 과정을 칭찬해주자고 결심했다. 공부를 잘하는 것보다 좋은 사람이 되는 것이 더 중요하다고 생각했다. 그런데도 막상 수학을 어려워하는 걸 보니 마음이 쓰라리다. 자꾸만 목소리가 커지고 아이를 다그치게 된다. 육아휴직을 한 목적 중에는 첫째의 학교 적응을 잘 돌봐주기 위한 것도 있었는데, 내가 제대로 했나 싶어서 자괴감이 들기도 했다.

첫째가 학교에 들어가기 전, 교육청에서 1학년 부모 준비를 위한 간담회를 열어서 가본 적이 있다. 실제 교육 현장에 계시는 1학년 선생님들과 부모 몇 명이 원탁에 앉아 오랫동안 대화를 나눌 수 있었다. 한글은 어느 정도 써야 하는지, 숫자는 어디까지 알아야 하는지 걱정되는 마음에 질문을 했다. 선생님은 글자는 읽을 수 있을 정도면 되고, 숫자는 10까지 셀 수 있을 정도면 된다고 하셨다. 가끔 덧셈, 뺄셈을 어려워해서 1학기 안에 못 따라가는 아이가 있기도 하지만 방학 때 열심히 하면 따라잡을 수 있다고 했다. 글자도 제법 읽고 숫자도 100까지는 셀 줄 아는 첫째를 떠올리면서 마음을 놓았다. 그런데 덧셈, 뺄셈을 어려워할 줄은 상상하지 못했다. 다른 아이들이 또 그렇게 잘할 줄도 예상하지 못했다.

아이의 하교를 기다리며 학교 운동장에 서 있다 보면 들으려고 하지 않아도 이런저런 말들이 귀에 쏙쏙 들어온다. 아이를

구미 할머니, 할아버지와의 행복한 순간

행복과 즐거움은 인생의 아주 짧은 순간에 스치듯 지나간다는 것을 다시금 곱씹는다.

매 순간 최선을 다해 행복해지기 위해 노력하지 않으면

모래알처럼 그 순간이 손아귀를 빠져나간다는 사실도.

이제 자주 아이들에게 말해주고 싶다.

너와 함께 뛰어줄게. 너를 믿는단다, 아이야. 용기를 내렴.

어떤 학원에 보내고, 어떤 수업을 듣게 하고, 이런 말들이다. 안 시키면 안 되는 걸까, 너무 손 놓고 있는 건 아닌가. 공부뿐만 아니라 음악은, 미술은, 수영은… 또 어떻게 시켜야 하나. 잠시 아이를 떠올리며 불안해진다. 그 모든 걸 잘해야 한다고 생각해서가 아니라 우리 아이만 한 번도 해보지 않아서 나중에 자신감을 잃을까 걱정돼서다.

그러다 생각한다. 내가 아이를 너무 못 믿는 게 아닐까. 조바심을 내느라 아이의 잠재력을 오히려 감소시키는 건 아닐까. 아이의 자신감을 걱정하기에 앞서 나부터 자신감이 없어진 건 아닐까. 곧 방학에 들어가는 아이와 함께 하루 계획을 세웠다. 방학 때는 거의 하루 종일 나와 함께 있어야 한다. 수학 공부를 하고, 책을 읽고, 그림일기를 쓰고, 컴퓨터도 배워보기로 했다.

"아빠는 너를 끌어주고 밀어줄 수 없지만 적어도 함께 뛰는 페이스메이커는 되어줄 수 있어."

아마 무슨 말인지도 모르겠지만, 그래도 오늘은 꼭 말해줘야겠다.

아이들을 돌보며
웃고 울었던 시간

유난히 피곤한 하루였다. 회사 생활이라는 게 어디나 그렇듯 가끔은 굉장히 지치고 고단하다. 날씨마저 푹푹 쩌서 지하철역에서 집까지 걸어오는 길에는 순간이동을 하고 싶다고 생각했는데…. 현관문을 열고 들어서니 아이들이 나를 맞았다. 그런데 첫째가 묻는다.

"엄마, 기분이 안 좋아?"

놀랐다. 어떻게 알았을까.

"엄마 기분 안 좋은 거 어떻게 알았어?"

어려운 질문이었는지 대답은 돌아오지 않았다. 그럼에도 엄마의 기분을 헤아릴 수 있게 된 아들이라니, 그저 감동스러울 뿐이었다.

씻고 나서 소파에 기대 좀 쉬고 있는데 아이가 책상에 앉아서 뭔가를 끄적거렸다. "뭐 해?"라고 물으니 "편지 써"라는 답이 돌아왔다. 5분쯤 지났을까. 아이가 내게 편지를 내밀었다. "엄마한테 편지 쓴 거야?" 하고 말하며 아이를 끌어안았다. 기특한 아이야, 기특한 우리 아이야. 편지에는 이렇게 써 있었다.

'엄마 회사는 어때? 회사는 잘하고 있어?'

아이의 성격대로 공들여 쓴 흔적을 보면서 농담으로 답했다.

"엄마, 회사에서 별로 잘 못하고 있어."

어쩌면 솔직한 대답이었다. 오늘의 회사는 내게 힘든 곳이었으니까. 아이가 다시 말했다.

175

"괜찮아, 엄마."

오늘은 좀 괜찮다는 말을 듣고 싶었던 걸까. 아이의 말에 갑자기 명치끝이 싸해졌다.

며칠 전에는 좀 늦게 퇴근한 나를 보며 첫째가 말했다.

"엄마 고생했어."

고생했다니. 이제 남편과 나도 서로 쑥스러워서 하지 않는 그 말을 아이의 입을 통해 들으니 기분이 묘했다. 고마워, 고마워 아이야. 이제 다른 사람을 위로할 수 있는 아이가 되었구나.

육아에 관한 글을 쓰면 가끔 이런 내용의 댓글이 달린다. '힘들고 괴롭기만 한 육아 왜 하느냐, 절대 안 하겠다'와 같은 말들. 한국 사회의 고질적 문제인 장시간 노동과 엄마에게 양육 부담을 더 지우는 가부장제를 비판하는 글이 '육아는 곧 괴로움'으로 해석되는 경우가 적지 않았다. 그러나 인생의 많은 일이 그렇게 간단한 문제가 아니듯이 육아도 마찬가지다. 괴로움과 환희가 뒤섞여 있다.

우리 부부는 첫째를 좀 어렵게 키웠다. 처음이어서 그런 것도 있겠지만 돌 전 첫째는 1시간 이상 혼자 자지 못하는 예민한 아기였다. 둘째를 낳고 세상 모든 아기가 첫째처럼 잠을 못 자는 것은 아니라는 사실을 알게 되었다. 바운서에 앉혀놓으면 눈을 동그랗게 뜬 채 울지 않고 앉아 있던 둘째가 우리 부부에겐 너무 신기한 존재였다. 첫째가 여덟 살이 된 지금에서야 겁이 많은 아이라서 그렇게 울었던 게 아닐까 짐작해볼 뿐이다.

첫째를 키우는 것은 쉬운 일이 아니었는데도 둘째를 낳았다. 왜 그렇게 무모했을까. 아이가 크는 게 너무 아쉬웠다. 첫째가 어린이가 되어가는 속도를 내 힘으로 막을 수는 없지만 둘째를 낳으면 다시 아기를 만날 수 있다고 생각했다. 비합리적인 생각인지 모르겠지만.

30대 후반이 되면서 가끔은 '내 30대는 육아를 하느라 지나간 것 아닌가'라는 알 수 없는 감정을 느낀다. 그런데 질문을 바꿔서, 그럼 아이들이 없던 시절이 그립느냐고 한다면 답은 절대 아니오다.

서른 살에 결혼해 서른한 살에 첫째를 낳았다. 돌아보면 아이들을 낳고 난 뒤의 나는 훨씬 편안해졌다. 엄마가 된 이후의 내가 엄마가 되기 이전의 나보다 좋다. 물론 분노할 때도 많지만 그건 구조를 향한 것이지 아이들에 대한, 아이들을 키우는 행복에 대한 것이 아니다. 몸으로 부대끼며 아이를 키우는 시기가 열 살까지라고 본다면 내게는 이제 6년이 남은 셈이다. 육아가 끝나지 않는다는 한국 사회에서 열 살 이후에도 다른 고민들이 커지기야 하겠지만, 그렇다 해도 만약 '이렇게 힘든데도 아이들을 낳은 것을 후회하지 않느냐'는 질문을 받는다면 '절대 아니다'라고 답하고 싶다.

그래서인지 가끔 후배들이 육아에 대해 물어오면 이렇게 답하곤 한다. "어떤 연애로도 설명할 수 없는 감정의 교류"라고. 20대의 연애와도, 30대의 결혼과도 비교할 수 없는 경험. 어떤 것이 더 좋다고 말하려는 게 아니다. 다르다는 것. 연애가 달콤 쌉쌀한 것이라면 육아는 그보다 훨씬 깊다고 느껴진다. 깊게 아름다운 순간을 살고 있다는 생각을 가끔 한다. 이것이 인생의 황금기가 아니고 무얼까. 아이들을 길렀던 30대는 내 인생의 황금기로 기억될 것이다.

유전자의 신비일지도 모른다. 내 배에서 나온, 나를 닮은 아이들을 사랑하는 일이란. 어떤 면에선 맹목적이어서 헌신적일 수 있고, 또 맹목적이어서 무모해질 수도 있다. 그러나 가끔은 내가 어떤 존재에게 이렇게까지 최선을 다한 적이 있나 생각해 보게 된다. 어떤 존재가 온전하길 기도하게 되는 경험. 내게 육아는 설명할 수 없는 일이다.

가끔은 아이들에 대한 사랑이 결국 짝사랑으로 끝날 것을 알아서 미리부터 서운해지기도 하지만, 그게 자식을 향한 사랑임을 인정하는 것도 점점 성숙해지는 일은 아닐지. 자기 위해서 불을 끄고 다 같이 누우면 내 오른쪽에 누워 있는 둘째는 작은 두 손으로 내 얼굴을 만지며 말한다.

"오늘은 엄마 어디에 뽀뽀할까? 입술에 해야겠다!"

이렇게 작은 존재들에게 사랑받을 때면 세상이 멈췄으면 좋겠다는 생각이 들 정도로 뭉클하다. '고마워, 두진아 이준아. 언젠가 엄마는 너희들이 엄마에게 사랑을 퍼부어줬던 지금의 기억을 돌려보며 괴로운 한 순간을 견디고 있을 것 같아. 고마워. 엄마에게 힘이 될 순간들을 많이 만들어줘서. 또 고마워. 많이 웃게 해줘서. 그저 고마워.'

육아가 괴로울 것이라 두려워하는 사람들에게 말하고 싶다. 괴로운 것은 사회 구조의 문제라고. 육아는 분명 고되지만, 아이들을 돌보면서 웃고 울었던 시간을 그 어떤 것과도 절대 바꾸고 싶지 않다고.

황

:

너희들을 떠올리면서
잠시 시간여행을 하겠지

지금으로부터 30년 뒤, 내 나이는 70에 가까워진다. 우연히 시간여행의 통로를 알게 된다면 과연 언제로 돌아가 무얼 하고 싶을까. 역사의 물줄기를 바꿀 만한 사건이 내 삶 속에 없지는 않을 테지만, 그런 순간들에는 별로 관심이 없다. 그것은 내 의지대로 바꿀 수도 없고, 나처럼 무지한 사람의 의지가 작용해서도 안 된다. 만약 시간여행의 기회가 온다면 다만 한 가지, 내 아이들의 어린 시절을 볼 수 있는 순간으로 다시 한번 돌아가고 싶을 것 같다.

하굣길 가방을 들어주는 내게 "아빠, 힘들지 않아?"라고 물으며 자기가 들겠다고 나서는 첫째 녀석의 살짝 찌푸린 말간 얼굴을 보고 싶을 것 같다. 그림책을 읽어주면 책 속의 강아지가 귀엽다며 책에다 얼굴을 비비대는 둘째 녀석의 애교를 보고 싶을 것 같다. 단 10초의 시간이라도 좋다. 금방 다시 돌아와야 하더라도 좋다. "요놈들!" 하고 볼 한 번 꼬집어줄 수 있는 시간이면 충분하다.

육아휴직을 하지 않았다면 그 결정적인 순간, 아이들이 보고 싶다고 해도 구체적으로 어떤 순간으로 돌아가고 싶은지 대답하기 어려웠을 거다. 아이들의 빛나는 순간은 정말 짧다. 담으려고 하는 순간 어디론가 사라진다. 얼마 전 아버지에게 "나 학교 다닐 때 뭐 기억나시는 것 없어요?" 하고 물었더니 이런 대답이 돌아왔다.

"니 어렸을 적 대구 달성공원에 갔던 거는 기억나는데… 내가 일만 했지, 뭐 했나?"

늘 "니가 알아서 다 했지 뭐"라고 하시지만, 아버지는 나름대로 최선을 다했다. 중학교 때는 대중교통이 여의치 않아서 매일 아침 나를 학교 앞까지 데려다주고 출근하셨다. 추운 겨울, 아버지의 차에서 나오는 따스한 히터 바람을 쐬며 달콤한 쪽잠을 잤던 기억을 떠올리면 아직도 피부가 저릿저릿한 느낌이 든다. 워낙에 표현이 서툴기는 하시지만, 만약 그때 아버지가 육아휴직을 할 수 있었다면, 그래서 아들과 더 많은 시간을 보냈다면 아버지의 대답은 분명 더 풍성해졌을 거라 생각한다.

아이들은 수시로 변한다. 식탁에 겨우 앉혀서 밥을 먹이려는데 갑자기 '똥꼬'가 아프다고 약을 발라달라고 한다. 웬일로 아침에 멀쩡히 혼자서 준비를 잘하나 싶더니, 학교에 가려고 나섰을 때 숙제를 안 했다며 교과서를 꺼내 들어 화를 돋우기도 한다. 어린이집에 가는 도중에 어제 집 앞 놀이터에서 봤던 지렁이가 보고 싶다고 떼를 쓰기도 한다. 배변 훈련을 하는 둘째는 씻으러 들어갔다가 다섯 번이나 바닥에 대변을 봤다. 닦고 또 닦느라 지치게 만들어놓고는 낄낄대며 웃는다.

이 변화무쌍한 아이들 앞에서 내 맘대로 되는 일은 없다. 화도 내고 짜증도 낸다. 그러다가도 "아빠 사랑해. 아빠 더워?" 하면서 선풍기 리모컨을 들고 와 에어컨에 대고 눌러대는 아이를 보면 뭉클해진다.

시간여행은 불가능하다. 그럼에도 가끔 우리는 갑작스레 불어온 한 줄기 바람에, 어쩌다 귀에 들어온 익숙한 멜로디에, 오랜만에 맡은 익숙한 향내에 과거로 순간이동을 한다. 나도 라면을 끓일 때 희게 부풀어 오른 면을 보면 이따금씩 아버지와의 추억을 떠올리곤 한다. 아버지가 만들어주셨던 '괴식' 때문이다. 정확히 언제인지도 모르겠다. 아버지는 라면의 면만 따로 익혀 그릇에 담고, 그 위에 스프를 뿌려서 주셨는데 그게 의외로 꽤 맛있었다. 지금 다시 해볼 자신은 없지만. 아버지는 군대에서 밥에 마가린과 간장을 넣고 비벼서 먹었던 게 정말 맛있었다는 얘기를 하는 세대이니 그런 '괴식'을 선보일 수 있었는지도 모른다.

육아휴직을 하고 나서 나도 아이들에게 음식을 해준다. 스마트폰으로 조리법을 찾아놓고 들여다보면서 주방을 동분서주해보지만 사실 내가 먹어봐도 맛은 없다. 떡이 다 뭉그러진 궁중떡볶이를 첫째는 입에도 대지 않는다. 둘째는 기껏 만들어놓은 카레를 맵다며 먹지 않는다. 대충 있는 걸로 먹일까 하다가 땀을 뻘뻘 흘리며 만들었더니…. 몹시 속상하다. 그러다 녀석들을 보면서 생각한다. 언젠가 너희들도 뭉개진 떡국 떡을 보면서, 카레의 알싸한 후추 맛을 새삼 느끼면서 아빠가 해준 '괴식'을 생각하겠지. 아니, 아마도 내가 너희들을 떠올리면서 잠시 시간

언젠가 시간여행을 꿈꾸겠지
겨울 털모자에 선글라스를 쓰고 포즈를 취했다.
먼훗날 이 작은 아이들의 시간을 떠올리면서
사진들을 들춰보게 될 것을 예감한다.
아이들의 뺨을 부비며 "뭐 먹고 싶어? 뭐 하고 싶어?"라고
물을 수 있는 이 시간으로 돌아오고 싶을 것 같다.

여행을 하겠지. 그거면 충분하다.

불가능하기 때문인지, 시간여행을 다룬 이야기들은 끊임없이 나온다. 시간여행은 보통 시간을 마음대로 거슬러 올라가거나 미래의 시간을 미리 경험해보는 것으로 그려진다. 그렇게 내 맘대로 움직일 수는 없지만, 우리의 삶은 어쩌면 그 자체로 시간여행 같다. 시간 속에 살면서, 시간의 지배를 받으면서, 시간의 흐름에 몸을 맡긴다. 지나고 나면 아무리 그리워도 돌아갈 수가 없다.

그 시간여행 속에서 아이들의 뺨을 비비며 "뭐 먹고 싶어?" "뭐 하고 싶어?"라고 물을 수 있는 이 시간으로 언제든 다시 돌아오고 싶을 것 같다. 실제로 돌아올 수는 없을 테니, 지금 할 수 있는 일은 거실에서 종종대고 돌아다니는 녀석들의 뒷모습을 스마트폰에 담는 것뿐이다. 돌아오지 못할 걸 알기에, 언젠가는 이 모습이 그리워 찾아 헤맬 걸 알기에.

임

⋮

가족의
최하위 계층
'아동'

아이들을 훈육해야 할 때가 있다. 대개는 형제가 싸우는 일 때문이다. 둘째가 아직 어리다 보니 마음대로 하다가 첫째 장난 감을 망가뜨리곤 한다. 그러면 첫째가 동생에게 화를 내는 게 갈등의 주요 레퍼토리다. 하루는 첫째가 동생을 혼내고 있었다.

"너, 형아한테 혼나볼 거야!"

그러다 조금 지나치다 싶어서 첫째를 불러 혼을 냈다.

"너는 아직 어린이야. 동생을 혼내선 안 돼."

어느새 높아진 내 목소리에 첫째 눈에는 억울함이 비쳤다가 이내 서운함이 들어선다.

어린 시절 부모님께 혼날 때면 나도 그랬다. 부모님께 혼날 때면 나는 내 발끝을 노려보곤 했다. 가끔 짜증낸다고 혼났던 것은 드문드문 기억나지만 대체로 왜 혼났는지 기억나지 않을 만큼 오래된 일들이다. 그런데 그 '억울한 마음'만은 생생하다. 나는 발가락을 오므리며 화를 참았다. 화를 참는 발가락에 쥐가 났던 기억도 생생하다.

부모님이 나를 '혼냈을' 때도 늘 '이유'는 있었을 것이다. 내가 지금 아이들을 훈육할 때처럼. '훈육'이란 말의 뜻을 찾아보니 '품성이나 도덕 따위를 가르쳐 기른다'는 뜻이었다. 누군가를 가르치는 일은 근본적으로 '억압적인 일' 아닐까. 아이들에게 '세상의 질서'를 가르치다 보면 그런 생각이 든다. 아이가 이기적인 본성을 드러낼 때 이타적으로 행동해야 한다고 알려주고, 이타적인 행동을 하면 칭찬해주면서 좋은 사람이 되어야 한다고 말하는 일. 나도 그러지 못할 때가 많으면서 아이에게 그렇게 행동해야 한다고 말하는 일. 하고 싶은 대로 할 수 있는 게 어디까지이고, 하고 싶더라도 참아야 하는 건 언제인지 알려주는 일. 알려줄 때마다 잘하고 있는지 헷갈린다.

어린 시절 나의 부모님은 엄했다. 특히 아버지는 식사 예절에 엄격했다. 밥을 한 톨도 남기지 않고 먹는 것, 반찬을 골고루 먹는 것과 같은 질서. 초등학교 저학년 때 젓가락질을 잘 못했을 때였다. 아버지가 다 먹은 생선가시를 백 번 들었다 놨다 하라고 했다. 하기 싫었지만 해야 했다. 반론 같은 건 생각도 할 수 없는 나이였다. 아버지는 항상 나와 동생에게 도전할 거리가 생기면 극한까지 참아내야 도전 과제를 성취할 수 있다고 가르쳤다. 그런 아버지의 가르침은 지금 내 훈육 방식에도 남아 있다. 아버지를 닮아, 5분 먼저 약속 장소에 나가는 것처럼 일상적인 부분에서도 나는 꽤 철저한 사람이 되었다. 그 때문인지 남편보다 아이들을 엄하게 대한다.

학교와 회사를 다니며 체력이 약하거나 잘 아픈 친구, 동료들을 보면 신기했다. '나는 왜 이렇게 튼튼하지?' 마흔을 앞에 두고 보니 튼튼하다기보다는 통증의 역치가 높은 거라는 사실을 알게 됐다. 사람들이 통증을 느끼는 수치의 평균을 낼 수 있다고 가정해본다면 다른 사람들이 10 정도를 아프게 느낄 때 나는 15 정도 되어야 아프다고 느끼는 것 같다. 의사에게 종종 이런 말을 듣기도 했다. "이 정도면 꽤 아팠을 텐데… 아프지 않았어요?"

그런 말을 들으면 초등학교 4학년 때 배가 아팠던 날이 생각났다. 1교시부터 배가 아팠는데 내내 참은 날이었다. 못 참을 정도가 아니면 집에 오면 안 된다고 했던 부모님의 말 때문이었을 것이다. 우리 집에서 지각, 조퇴, 결석은 웬만해서는 용납되지 않았다. 조퇴는 꿈도 꿀 수 없어서 보건실에 가서 누웠다. 그러나 통증이 점점 더 심해져 결국 아버지가 학교로 데리러 왔다. 엄마는 일이 있어 출타 중인 날이었다. 그날, 놀란 아버지의 눈을 보고 어린 나는 생각했다. '아빠도 내 걱정을 하는구나!'

최근 부모님과 함께 여행을 떠났을 때였다. 나는 첫째 손을 잡고 난생처음 보는 풍경에 취해 걷고 있었다. 첫째도 그랬던 모양이었다. 거리에 서 있던 기둥에 이마를 부딪혔다. 얼마나 세게 부딪혔는지 아이가 엉엉 우는데 아버지가 말씀하셨다.

"피가 철철 나야 아픈 거지, 그런 건 아픈 것도 아니야!"

그 말에 피식 웃고 말았다. 아버지는 늘 그랬다. 웬만해선 아프지 않은 거라고 가르쳤다. 따뜻하게 안아주기보다 멀리서 바라보는 사람이었다.

아버지가 좀 더 따뜻하게 대해줬으면 하는 생각을 한 적은 딱히 없었다. 엄마는 아이들에게 따뜻하지 못한 아빠라며 타박한 적도 많았지만 나는 아버지의 무뚝뚝한 표정에서도 사랑을 읽어낼 수 있었다. 우리 가족은 편지를 많이 썼다. 얼마 전, 결혼 전에 주고받은 편지들을 모아둔 상자를 뒤적이다 아버지의 카드와 편지만 모아놓은 뭉치를 발견했다. 처음 받은 편지는 여섯 살 생일 때였다. 딱 두 줄 적힌 카드. '축하한다'와 '사랑한다'는 말.

부모가 되어보니 아버지의 마음을 더 이해하게 된다. 그 시절의 아버지들은 자상하게 굴기도 쉽지 않았다. 그 시대의 남성들은 생계부양을 위해 애쓰는 것만으로 책임을 다하는 것이었고, 자식들에게 정서적 사랑을 주는 쪽은 대부분 여성이었다. 엄마는 가끔 이렇게 말씀하신다. "너네는 참 좋아졌다"라고. 첫째 유치원 졸업식에 남편이 반차를 내고 왔을 때, 다른 아이들의 아빠들도 대부분이 자리에 함께한 모습을 보고서였다.

남편을 좋아하게 된 이유도 다정해서였다. 말이 많진 않았지만 내가 조금만 피곤하다고 해도 어디가 아픈지 살피는 사람. 아프면 참아야 한다고 가르쳤던 부모님과 다르게 남편은 늘 내 괴로움이 통증이 아닌지 살폈다. 괴로움이 통증인지 별로 생각하지 않고 살았던 30년이 지나고, 나는 조금만 괴로워도 아픈 건 아닌지 살펴보는 사람과 살게 되었다.

시부모님을 보고 남편이 다정한 이유를 알았다. 멀리 사는 시어머니와는 주로 통화로 안부를 주고받는데, 어머니는 내 목소리가 조금만 안 좋아도 어디가 아픈지 물으셨다. 신기했다. 첫째를 제왕절개로 낳았을 때도 시어머니가 "수술해서 어쩌노" 하며 마음 아파하는 모습이 신기했다. 우리 부모님은 마음속으로만 하는 말들을 직접 해주는 또 다른 부모님을 만나서 이제 나는 결혼 전보다 통증에 예민한 사람이 되었다. 아프면 아프다고 느끼고 말할 수 있는 사람.

좋은 부모란 뭘까? 어디까지 엄하게 대하고, 어디까지 안아줘야 하는 걸까. 정답은 없고 모든 경우가 다를 것이다. 다만, 의식적으로 아이들의 의견을 먼저 물으려고 노력한다. 가족회의를 시작한 것도 그 때문이다. 아이들이 주도적으로 자신의 의견을 말하고, 다른 사람과 의견을 조율할 수 있는 사람으로 자랐으면 해서. 아직까지는 가족회의에서 논쟁할 만한 안건은 없었다. 하지만 아이들이 자랄수록 논쟁이 생길 것이다. '스마트폰은 몇 살 때부터 쓸 수 있는가?' 같은 안건 말이다. 나와 남편은 최대한 늦게 써야 한다는 주장을, 아이들은 최대한 빨리 써야 한다는 주장을 펼치게 되지 않을까.

가끔 어떤 부모가 되고 싶느냐는 질문을 받는다. 그럴 때면 '민주적인 부모'가 되고 싶다고 대답한다. 민주적인 부모란 어떤 부모일까. 아이들의 의견에 귀 기울이고 무슨 일이든 함께 의논할 수 있는 부모가 아닐까. 물론 쉽지 않은 일이다. 보호의 대상인 아이들을 키우면서 성인과 동등한 '1인분의 인격'으로 대하기가 쉽지만은 않다.

또한 아이를 이끌어주는 것도 부모의 역할이다. 첫째가 덧셈 뺄셈을 어려워하는 모습을 보면서 매일 문제집을 풀게 했다.

"매일 근육을 키우는 것만큼 수학에 왕도는 없어."

하지만 아직 1학년인 아이가 이해하고 받아들이기에는 어려운 말이다. "편한 일, 쉬운 일만 하고 지낼 수는 없어. 어려운 일을 해낼 수 있어야 뭐든지 숙달되는 거야. 하고 싶을 때만 공부하면 좋지만 그렇게 하다 보면 공부에 대한 주도권을 네가 잡을 수 없어"와 같은 말도 해보지만 역시 어렵다.

아이를 어디까지 이끌어줘야 민주적인 걸까. 매일매일 답이 없는 문제를 푸는 기분이다. 그럴 때면 회사에서의 '발언권'을 떠올린다. 회사를 다닌 지 벌써 11년이 지났다. 후배들과 대화를 하다 문득 깨닫는 순간들이 있다. '내가 회사 생활이 편해졌구나.' 내가 계속 말하는 동안 후배들은 듣고만 있었다. 후배들의 발언권보다 내 발언권이 더 커진 거였다. 연공서열 사회에서는 나이가 많고 직급이 높아지면 편해진다. 입사 2~3년 차일 때를 돌아보면 반대의 이유로 힘들었다. 내 발언권은 작았고 가부장적인 분위기에서 대화하는 것도 너무 힘들었다.

'가족 같은 회사'라는 말은 그래서 잘 어울린다. 한국의 가족은 대체로 끈적끈적해 정이 넘치지만 또 대체로 권력을 가진 쪽으로 수렴되는 구조다. 그런 면에서 '사위'와 '며느리'의 지위는 흥미롭다. 둘 다 외부인으로 가족에 편입돼 발언권이 작지만,

'우리 사위'와 '우리 집 며느리'의 발언권은 분명 다르다. '며느리'들이 '며느리 노릇'을 거부하겠다는 움직임이 나타나는 것은 그래서 자연스럽다. 남성이 생계를 부양하고 여성이 가정을 돌보는 시대는 막을 내리고 있다.

후배의 발언권을 신경 쓰는 선배가 되는 것, 후순위인 발언권을 넘어서려는 며느리가 되는 것, 아이들의 발언권을 고민하는 부모가 되는 것이 과연 서로 다른 일일까.

첫째는 가끔 남편과 내가 무언가 마음대로 결정하면 이렇게 말한다.

"엄마 아빠는 꼭 마음대로 해."

그럴 때면 아차, 하고 뒤늦게라도 꼭 묻는다.

"아, 두진이는 어떻게 하고 싶은데?"

황

⋮

내게 하는
주문

자라면서 우리 집이 억압적이라고 생각해본 적은 한 번도 없었다. 아버지, 어머니는 항상 내 의사를 존중해주셨다. "우리가 뭘 아노, 니가 알아서 해라." 늘 그렇게 말씀하셨다. 대학 입시와 취업도 알아서 결정했고, 부모님은 물적·심적으로 지원해주실 뿐이었다. 바람직한 정부 지원의 방향과도 비슷했다고 볼 수 있다. 물론 나의 방만한 운영으로 수렁에 빠질 뻔했지만, 겨우 바늘구멍을 뚫고 취업에 성공해 그럭저럭 살고 있다.

　한마디로 요약하자면 우리 집은 '이심전심'의 분위기였던 게 아닌가 싶다. 서로의 생각이나 기분을 알아서 짐작해 행동한다. 가족들 사이에 대화가 없는 것은 아니었는데, 시시콜콜 서로의 일상을 묻는 편은 아니었다. 결혼하고 나서 보니, 아내네 가족 분위기는 좀 달랐다. 아내는 장인어른이나 장모님의 친구들이 누구이고 어떤 분들인지를 환히 꿰고 있었다. 장인, 장모께서도 아내나 처남의 친구, 후배, 회사 동료들까지 너무나 잘 알고 계셨다.

　신기했다. 내게 아련하고 따뜻한 가족과의 기억은 삼겹살 몇 근을 사서 다 같이 실컷 구워 먹고 배를 두드리며 사이다를 마셨던 것과 같은 장면이다. 어머니는 나의 어렸을 적 친구들 몇 명을 제외하고는 내 주변 사람들에 대해 잘 모르신다. 나 역시 아버지, 어머니의 친구들에 대해 누군가 얘기해보라고 한다면 할 말이 없다.

이심전심, 서로 이해하는 분위기에 익숙하다 보니 내 생각이나 처지에 대해 구구절절 설명하는 일에 능숙하지 못했다. 말을 잘 못하고, 잘 안 하고, 주저하기도 잘하는 성격이라 더욱 그랬던 것 같다. 예전에는 경상도 사나이 어쩌고 하는 말로 뭉갰지만 사실이 아니다. 경상도 남자들도 수다쟁이 많다. 내가 말을 잘 못할 뿐이다. 믿고 따랐던 선생님 한 분은 우스개로 이렇게 말씀하시기도 했다.

"너는 말을 안 하면 나름 괜찮아 보이니까, 그런 전략을 쓰는 게 좋겠다."

선후배나 동료들도 아마 이런 나를 조금 불편해할 것이다. 저 녀석은 대체 무슨 생각을 갖고 있는 건지 알 수 없다고 생각할지도 모른다. 그렇다고 큰 사고는 치지 않으니, 그냥 그런가 보다 했을 것이다. 나 역시 말보다는 어떻게든 행동으로 보여주자고 생각했고, 대체로 무난하게 일을 해내는 것으로 말을 벌충하곤 했다. 결혼을 하고, 아이들을 낳고서, 뒤늦게 스스로에게 '말'의 의미를 되묻는다.

아이들이 어느 정도 크면서 아내는 가족회의를 제안했다. 가족 모두가 하나씩 의제를 내고 칠판에 적는다. '1. 정리정돈 잘하기 2. …' 사실 처음엔 이런 장면이 몹시 어색했다. 아이들이 뭘 알겠나 싶기도 하고, 이렇게 모여서 얘기하는 것 자체가 낯간지럽기도 했다. 그렇지만 민주주의란 '말'의 잔치가 아닌가.

"어른들 얘기하는데, 그렇게 끼어들래?" 가끔 귀찮고 성가시게 구는 아이에게 이렇게 말했다가 마음이 뜨끔하기도 한다. 그런 말이야말로 내가 어렸을 때 가장 싫어한 말이었는데.

아이들과 있으면 아무래도 뭔가를 한 번에 빨리 해치우려 든다. 아이들의 의사와 관계없이 내 스케줄에 맞춰서 하려고 한다. 아직 밥상머리에 딱 앉아서 식사하는 습관이 형성되지 않은 둘째에게 밥을 먹일 때도 마음이 급해진다. 먹이다 보면 아이가 입안에 있는 밥을 다 삼키지도, 심지어 아직 씹지도 않았는데 다음 숟가락을 떠서 갖다 대고 있는 나 자신을 발견하게 된다. 씻길 때도 서두르다가 아이의 몸에 손톱자국을 내거나 엉덩방아를 찧게 한 적도 있다. 칫솔질도 너무 세게 해서 칫솔에 피가 묻어난 적도 있다.

아이들은 뭐든 긴 시간을 들여서 하고, 그걸 반복해서 또 하는 걸 좋아한다. 모든 게 처음인 아이는 뭐든 한 번 더 해보고 싶어 한다. 세상의 이치를 잘 모르니, 이해하고 납득하는 데도 오랜 시간이 걸린다. 늘 마음만 급한 나는 소리를 빽 지르고 나서 금방 후회를 한다.

천천히 아이들과 대화를 나누고, 아이들이 어떤 것을 원하는지 듣는 데 아직 익숙하지 못하다. 어쩌면 아이들에게서 스스로 생각하고 행동할 수 있는 권리를 빼앗고 있는 건 아니었을까. 아이들이 막 달려가는 게 위험해 보여서 잡아채다가 되레 넘어

가족회의

한 달에 한 번씩 가족회의를 연다.

아직은 물건 정리 잘하기, 형제끼리 사이좋게 지내기 같은

안건을 논의하지만 점점 논쟁할 만한 안건을 다루게 될 것이다.

가족들 간에도 토론하며 모두가 '1인'이라는 생각을 했으면 좋겠다.

지게 만든 적도 많았다. 스스로 판단해서 달리는 아이들은 뒤뚱 뒤뚱하면서도 오히려 잘 넘어지지 않는데도.

조금만 시간을 들여 설득하면 때로 아이들은 놀라울 정도로 잘 따라준다. 첫째가 네 살쯤 됐을 때의 일이다. 장난감에 빠져 노는 녀석에게 칫솔질을 하자니까 너무 싫어하기에 "그럼 그거 다 하고 나서 양치하는 거야" 하고 말한 적이 있다. 지쳐서 거의 반은 포기한 채 그냥 한 말이었다. 그런데 5분쯤 지나니 녀석이 "인제 이거 다 했으니깐 치카치카 하자"라면서 오는 게 아닌가. 너무 신기해서 꼭 안아주었다. 물론 칫솔질을 시작하자마자 또 떼를 쓰고 인상을 찌푸리긴 했지만.

첫째가 유치원을 다닐 때는 이런 일도 있었다. 둘째는 꼭두새 벽부터 깨서 울었고, 아침에 두 아이는 밥도 잘 먹지 않았다. 당시는 인간관계나 회사 일 등에서 여러 가지로 유난히 기분이 좋지 않던 시기이기도 했다. 참고 또 참으면서 겨우 첫째 손을 잡고 유치원에 가려고 집을 나섰다. 추운 날씨라 아이에게 마스크를 쓰라고 했더니 립밤을 발랐다고 안 된단다. 실랑이를 벌이다가 결국 녀석이 계단에서 자빠졌다. 그때 툭 터졌다. 야, 왜, 도대체….

버럭버럭 성질을 내자 첫째는 막 울었다. 눈물을 뚝뚝 흘리는 녀석에게 유치원도 가지 말라고 더 성질을 냈다. 아이는 더 운다. 한참을 그렇게 서 있었다. 그러다 겨우 유치원으로 발걸음을 뗐다. 가다 보니 아이가 손을 외투 안으로 쑥 집어넣고 있었다. "추워? 장갑 줄까?" 하고 물었더니 장갑을 알아서 낀다. 모자를 씌워주고 이미 차갑게 식어버린 눈물도 닦아줬다. 녀석의 손을 잡고 유치원으로 가는 내내 마음이 천근만근이었다. 대체 왜 나는 이 정도밖에 안 되는 사람일까. 녀석이 듣든 말든 말을 꺼냈다.

"일어나면 놀고도 싶고, 하고 싶은 일이 많겠지만 아침에는 유치원 갈 준비하기 바쁜 시간이야. 그런데 말을 잘 안 들어주니까 아빠도 마음이 급해서 자꾸 화를 내게 되잖아. 아빠도 요즘 기분이 안 좋아. 회사 일도 잘 안 되고 울적해. 네가 싫어서가 아니라 아빠가 기분이 안 좋고 하다 보니 화를 냈어. 미안해. 아빠 기분 알겠어?"

그랬더니 녀석이 "응" 하고 자그마한 목소리로 대답한다. 갑자기 주책스럽게도 볼을 타고 눈물이 흘렀다. 이 자그만 녀석에게도 이해를 받는 일은 언제나 마음을 먹먹하게 만든다. 내가좀 더 일찍 말하는 법을 배웠다면 좋았을 텐데.

너무 자라서, 이제 숫제 늙어가면서야 나는 나 자신을 좀 더 설명하는 법을 매일매일 배우고 있다. 아내에게도, 아이에게도, 그리고 다른 주변 사람들에게도. 전에는 아무에게도 설명하지 않아도 됐지만, 이제는 설명하지 않으면 안 된다. 설명하지 않으면 가장 소중한 사람에게조차 이해를 구하기 어렵기 때문이다.

전에는 99퍼센트의 확신이 없으면 말하지 않아야겠다고 생각했다. 요즘도 80퍼센트는 넘어야 말이 꺼내진다. 그런데 마음이란 그저 1퍼센트가 보고 싶어도 보고 싶은 거고, 99퍼센트가 보고 싶어도 보고 싶은 것이라고 생각한다. 사랑한다고, 보고 싶다고 말할 수 있는 사람이야말로 진짜 행복한 사람이다.

자기 생각을 꺼내기 어려워하는 게, 첫째가 나와 비슷하다. 늘 녀석에게 말해준다.

"마음속에 있는 생각을 다른 사람은 아무도 알 수가 없어. 네가 말을 해야 다른 사람도 알 수 있는 거야. 표현을 해야 하는 거야."

그 말은 곧 내게 하는 주문과도 같다.

:

남성이
여성의 영역에
들어오지 않으면
계속 '평행선'

회사에는 항상 여자 선배보다 남자 선배가 많았다. 회사도, 사회도 여성들이 할 수 있는 일을 직접적으로 막은 적은 별로 없었다. 모두가 여성도 어디든 갈 수 있다고 말했다. 그러나 아이를 낳고서 깨달았다. 세상은 여자를 일단 아이 돌보는 자로 규정한 뒤, 하고 싶으면 일도 하라고 말하는 것이었다는 사실을. "아이는 엄마가 봐야 잘 크지"라는 말을 다들 너무 당연하게 할 때면 무력해졌다. 아이를 낳았으니 키울 시간을 확보해야 했지만 사회는 남편의 시간보다는 내 시간을 쓰라고 하는 것 같았다. 아이 둘을 낳으며 두 번의 육아휴직을 쓰는 동안 남편은 아이들을 돌보는 시간을 낼 기회를 얻지 못했다.

여성 외교부 장관, 여성 대통령까지 나온 사회에서 뭐가 불만이냐는 시각도 적지 않게 만난다. 아니다. 논쟁의 초점이 어긋나서 우리는 소모적인 논쟁을 하고 있다. 그동안 남성의 영역이라 일컬어지던 곳들에 여성들이 분포하게 됐지만 여전히 절반은 되지 못했다. 이 속도가 더딘 이유는 여성이 남성의 영역으로 들어간 만큼 남성이 여성의 영역으로 들어오고 있지 않기 때문이다. 여성들이 임금노동과 돌봄노동을 이중으로 떠안게 되면 여성들은 가랑이가 찢어지고 남성들은 반 발짝 물러서 있게 된다. 여성들이 남성의 영역으로 들어가고 있는 만큼 남성들이 여성의 영역에 들어오지 않으면 계속 '평행선'을 달리게 될 것이다.

회사 일도 잘하고 집안일도 잘하고 육아도 잘해야 하는 여성을 회사에서 덜 반가워할 수밖에 없다는 게 입사 12년 차가 되니 이해가 된다. 그게 옳아서가 아니다. 수익을 목표로 하는 회사에서 여성은 딱 8시간만 일할 수 있는 노동력이니(8시간도 겨우 해낼 수 있는 인력이 되니) 8시간 이상을 뽑아내야 하는 한국의 대다수 기업들에겐 반갑지 않은 노동력이다. 견디다 못한 여성들이 회사를 그만두면 남성은 생계부양자 역할이, 여성은 돌봄노동자 역할이 강화되며 불평등은 더욱 심화된다.

여성 고용률이 20대 후반에는 71퍼센트까지 오르다가 30대 후반에 59퍼센트로 떨어지는 비밀이 여기에 있다(통계청의 「2020 통계로 보는 여성의 삶」 참조). 남성의 고용률은 연령에 상관없이 87~90퍼센트대로 비슷하게 유지되지만, 여성들은 직장에서 살아남는 자와 살아남지 못하는 자로 구분된다. 사회는 이 여성들을 이렇게 구분한다. '워킹맘'과 '전업맘'.

남편이 육아휴직을 하고 나서 앞서 말한 '억울함'들이 조금은 해소됐다. 남편이 돌봄노동을 맡고 내가 임금노동을 하게 되니 서로를 더 잘 이해할 수도 있게 됐다. 그러나 이는 입사 동기인 우리가 남성 직원의 육아휴직도 수용하는 사업장에서 일하고 있기 때문이라는 사실을 안다. 운이 좋아서라는 것을. 여전히 많은 회사에서 남성 직원의 육아휴직은커녕 여성 직원의 육아휴직도 꺼리는 게 현실이다. 그런 회사에서 여성을 채용하고 싶지 않아 하는 이유는 너무 투명하다. 야근이든 주말 근무든, 어떻게 해서든 더 많이 일할 수 있는 노동력을 원해서 아닌가? 도대체 지금이 몇 년도인지, 2020년 아닌가.

입사 동기인 우리 부부는 월급이 거의 비슷하다. 남편이 군대를 다녀와 호봉 차가 있긴 하지만 크진 않다. 그러니 둘 중 누가 육아휴직을 해도 가계소득에 큰 차이가 없다. 그러나 많은 가정의 경우 아내의 임금이 남편의 임금보다 적은 경우가 많다. 가정 경제 논리로 보자면 급여가 적은 쪽이 육아휴직을 하는 것은 당연한 선택처럼 보인다. 쳇바퀴 돌듯 다시 여성에게 돌봄의 의무가 전가된다. 하지만 여기에는 성별 임금 격차라는 진짜 문제가 숨어 있다.

2018년 OECD가 발표한 국가들의 성별 임금격차 자료를 보면, 한국은 가장 큰 성별 임금 격차를 보였다. OECD 평균은 13.8퍼센트인데, 한국은 36.7퍼센트에 이른다(이는 남성이 임금으로 100을 받는다고 할 때 여성은 남성보다 36.7퍼센트 적게 받는다는 것을 의미한다). 평균보다도 2배 이상 격차가 벌어져 있는 수치다.

조금 더 자세히 들여다볼 필요도 있다. 여성가족부와 통계청이 발표한 '2020 통계로 보는 여성의 삶' 자료를 보면 지난해 여성 임금 근로자가 받은 시간당 임금은 1만 6358원으로 남성 임금 근로자(2만 3566원)의 69퍼센트 수준이다. 성별 고용률 격차는 계속 줄어들고 있지만 시간제와 같은 비정규직 일자리에 주로 여성이 일하면서 특히 남성 정규직은 여성 정규직보다 시간당 7562원 더 많은 임금을 받았다. 비정규직의 경우 4121원으로 차이가 적었다. 이러다 보니 OECD 회원국 중 저임금 여성 비중은 한국이 1위다. 2017년 한국의 저임금 여성 노동자 비율은 35.3퍼센트로 2위인 미국(29.07퍼센트)보다도 6.23퍼센트 높았다.

아이를 낳은 친구들은 가끔 자조한다.

"왜 이렇게 버텨야 하나 싶지만, 지금 그만두면 이만한 일자리도 얻을 수 있다는 보장이 없잖아."

우리는 다 알고 있다. 임신, 출산으로 한번 일자리를 놓치면 그 이후엔 선택지가 확연히 줄어든다는 것을. 그렇다면 답은 '성평등한 노동 시장'이다. 남성도 집 안으로 들어와 돌봄을 담당해야 한다. 그래야 회사에서도 정정당당한 경쟁이 가능하다. 성별 임금 격차와 '돌봄은 여성의 일'이라는 사회적 인식으로 인해 벌어지는 여성들의 비자발적 퇴사가 없어져야 한다. 또다시 여성에게 돌봄의 의무를 전가하는 악순환을 끊어내지 못한다면 취업 시장에서부터 불리한 상황을 결코 바꿀 수 없을 것이다.

남성과 여성이 싸우자는 얘기가 아니다. 엄마가 어쩔 수 없이 회사를 그만두면 엄마만 괴로운 게 아니다. 그 괴로움은 아빠에게도 옮겨간다. 가족을 부양해야 한다는 가부장의 짐을 짊어지는 팍팍한 삶을 살아야 하기 때문이다. 내 아이들은 그런 삶을 살지 않길 바란다. 아이들을 돌보는 기쁨을 누릴 수 있는 삶, 그 기쁨을 놓치지 않는 삶을 살길 바란다. 그런 삶은 엄마 아빠 모두가 시민-노동자-부모-개인이라는 다면적인 정체성을 지니고 살 수 있는 사회일 때 가능하다.

황

⋮

끝없이 페달을
밟지 않아도 되는 삶

언젠가 문득 궁금한 마음에 아버지에게 물었다.

"아버지는 아버지가 보고 싶을 때가 있어요?"

아버지는 1초의 망설임도 없이 말씀하셨다.

"난 그런 거 없어."

"그래도 아버지가 했던, 뭐, 기억나는 말 같은 건 있을 거 아녜요."

"촌사람들이 뭘, 임시 풀칠하기 바쁜데. 누가 아들한테 이래라저래라, 어떻게 살아라, 그런 말을 해."

내가 기억하는 할아버지는 그렇게 무뚝뚝하지만은 않았다. 시골집에 가면 늘 "우리 깅상이 왔는가" 하시면서 내 손을 잡아 끌고 동네 슈퍼에 가서 빠다코코낫 과자와 콜라를 사주셨다. 아버지가 기억하는 할아버지는 아마 더 젊은 시절의 모습이었을 테지만.

"아버지는 아침에 일어나면 '나 일하러 나간다, 일어나라' 그러셨지. 나는 매일 새벽 5시에 일어났어. 똥장군을 짊어지고 산에 올라가서 밭에 뿌려놓고 학교에 갔어."

아버지의 이야기를 들어보면 결혼 전까지 아버지의 젊은 시절은 집안 농사일과 군대 36개월, 그리고 사회로 나와 직업을 구하기 위한 분투였던 것 같다. 지금도 청년들이 직업 구하기가 만만치 않지만, 아버지 시대라고 해서 모두에게 일자리가 있는 것도 아니었다. 아버지는 버스 기사를 해보려고 대형면허를 따기도 했지만 취직이 쉽지 않았다고 했다.

아버지의 아버지라고 달랐을까. 아버지는 어느 정도 자랄 때까지 할아버지가 일하는 논이 전부 우리 것인 줄 알았다고 했다. 실제로는 다 남의 논을 부치는 것이었는데. 할아버지도 대가족의 생계를 이어나가기 위해선 오직 일밖에 몰라야 했을 것이다. 장인어른도 비슷하다. 은행에서 근무했던 장인어른이 한창 일했던 1980~1990년대는 주 5일 근무제도 아니었다. 주 6일, 때로는 일요일까지도 일하셨다던 장인어른 이야기를 들을 때면 '아버지들의 삶이란 무엇이었나' 생각하게 된다.

그런 장인어른도 외환 위기의 화살을 비껴가지 못했다. 회사에 인생을 바쳤지만 회사는 노후는커녕 당장의 안전마저도 보장해주지 않았다. 그 이후에도 장인어른은 끊임없이 일하셨다. 은행에서 명예퇴직을 했던 40대부터 60대 후반이 된 지금까지도 말이다. 그 동력은 어디에서 오는 걸까.

오랫동안 한국의 남자들은 가족을 부양하고 생계를 책임져야 한다는 무거운 의무감을 어깨 위에 짊어지고 살아왔다. 아버지도, 장인어른도, 할아버지도 생계부양자로 자신에게 주어진 의무를 다하기 위해서 오랫동안 애를 쓰셨다. 1981년에 태어난 나도 그 의무감에서 자유롭지 않다. 나 역시 내가 가족을 부양해야 한다는 압박감을 느낄 때가 있었다.

신혼 초, 집주인이 갑자기 전세 대신 월세를 달라고 한 적이 있다. 전세금을 더 올려주겠다고 한참을 설득해도 잘 풀리지 않았다. 자꾸만 어깨가 무겁게 짓눌리는 걸 느꼈다. 내가 좀 더 수입이 많았다면 이런 일도 없었을 텐데 하는. 그러나 그런 자책은 괜한 허공에 대고 주먹질을 하는 섀도복싱과도 같았다. 아내는 그런 일이 있을 때마다 "남편 책임이 아니야, 함께 해결하자"라고 말하곤 했다.

아내는 가끔 이런 말도 했다.

"혹시 꼭 하고 싶은 일이 있으면 몇 년 동안은 내가 일해서 가족을 부양할 테니 한번 해봐. 대신 내가 하고 싶은 일이 생기면 남편도 그렇게 해줘야 해."

능력도 취향도 없는 내가 그런 일을 벌일 가능성은 희박하지만, 그 마음만큼은 너무나 고마워서 마음속으로 늘 감사하고 있다. 육아휴직을 할 수 있었던 것도 생계부양자로서의 의무를 기꺼이 나눠지겠다는 아내가 있었기 때문이었을 것이다.

그렇기에 내 상황을 일반화할 수 없다는 걸 너무나도 잘 안다. 주변에는 맞벌이 부부도 많지만, 생계를 온전히 혼자 책임져야 하는 데서 오는 스트레스를 받는 친구들도 있다. 육아휴직을 했다고 하면 친구들은 "야, 그런 게 되냐?"라며 신기해하고 부러워한다.

아이들을 등교, 등원시킬 때면 자주 다른 아빠들을 마주치지만 아이들을 데리러 오는 사람 중에 남자는 거의 없다. 모든 남성들이 육아를 하기 싫어해서 그런 건 아닐 것이다. 남성 임금이 상대적으로 더 높고, 여전히 남성의 육아휴직이 희귀한 일로 여겨지는 조직 문화에서 '아빠 육아휴직'은 쉽지 않은 선택이다. 나는 운이 좋아서 얻을 수 있었던 기회라는 생각도 한다.

회사 나오고 싶지 않느냐고 묻는 사람들이 종종 있다. 아주 솔직하게 대답하자면 "아직은 괜찮다." 물론 아이들을 돌보는 일이 회사 일보다 덜 힘들어서는 아니다. 두 가지 일은 너무 다른 종류의 일이라 비교하기 힘들다. 다만, 만 10년이 넘게 회사를 다니며 처음으로 회사와 거리를 두게 된 지금 '일을 한다는 것은 무엇일까'라는 생각을 가끔 한다. 일은 매우 소중하고, 성취감을 느낄 수 있는 수단이며, 나를 증명할 수 있는 기회이기도 하지만 또 한편으로는 회사 생활이 늘 유쾌하지만은 않은 것도 사실이니까.

일이 있다는 게 고맙기도 한 시대, '이 일을 조금씩 모두가 나눠서 할 수는 없을까' 하는 생각도 동시에 든다. 아내와 내가, 아이가 있는 다른 동료와 내가 나눠서 일을 한다면 우리는 훨씬 더 많은 시간을 가질 수 있지 않을까. 아이를 돌보는 시간, 자신을 돌보는 시간을 말이다.

육아휴직을 한다고 회사에 알렸을 때, 한 여자 후배가 메시지를 보내왔다. 고맙다는 내용이었다. 쑥스러워 뭐라고 답해야 할지 알 수 없었다. 이 얘기를 아내에게 전했더니, 아내는 이렇게 말했다.

"자신이 돌봄노동자로 규정되는 걸 두려워하고 있을 여자 후배에게 당신이라는 존재가 얼마나 고맙겠어. 나한테 그런 남자 선배가 있었다면 나는 정말 고개 숙여 고맙다고 인사했을 거야."

기껏 6개월 육아휴직으로 고맙다는 말까지 듣는 게 면구스럽다. 아내의 말을 들으니 여성들이 일터에서 얼마나 고민이 많을지 이해가 됐다.

아버지의 시대는 남성이 생계부양을 하는 가부장적 모델의 사회였다. "아버지도 고생만 많이 하다가 갔지." 아버지는 대화 끝에 문득 그렇게 말씀하셨다. 따로 말은 안 하셨지만, 그 말에서 아버지에 대한 그리움이 묻어나는 듯했다. 할아버지, 아버지 세대는 쓰러지지 않으려면 무작정 페달을 계속 밟아야만 하는 자전거 같은 인생의 짐을 기꺼이 짊어져야 했던 시절을 살았다. 나는 아이들과 얼굴을 많이 비빌 수 있는, 끝없이 페달을 밟지 않아도 되는 삶을 꿈꿔본다. 나아가 우리 아이들의 시대에는 더 조화롭게 균형 잡히기를.

임

:

아이가
스스로의 삶을
사랑할 수 있도록

토요일, 수영 강습에 가는 날이었다. 첫째가 수영을 시작하고 두 번째 강습을 가는 날. 원래도 겁이 많은 녀석이라 겨우겨우 설득해서 수업을 받기로 했는데, 아이를 데리고 나갔던 남편이 금방 다시 집으로 돌아왔다. 아이와 함께였다.

"왜 다시 왔어? 수영 안 갔어?"

그 말을 듣자마자 아이가 울음을 터뜨렸다. 남편의 말에 의하면 수영장 앞에 도착하자마자 울기 시작했다고 했다. 우선 겁에 질린 아이를 안고서 달랬다.

"괜찮아, 오늘 수영 안 가도 돼."

그러나 속에서는 '왜 이렇게 작은 일에 겁을 내는 거야' 하는 생각에 답답했다. 표 내지 않으려고 노력하면서 아이를 다독였다. 5분쯤 지났을까. 다시 아이를 데리고 수영장에 갔다.

"친구가 와 있을 테니 한번 다시 가보자. 친구 수영하는 모습 보고 싶지 않아?"

수영장에 도착해 친구가 수영하는 모습을 봤지만, 아이는 고개를 절레절레 흔들었다. 아이가 물을 겁내는 건 어쩌면 당연한 일이다. 그렇게 이성적으로 생각하자고 노력했지만 한편에서는 '나쁜 생각'도 올라왔다. '친구는 가서 잘하는데 너는 도대체 왜 못 하는 거야? 그렇게 겁이 많아서 도대체 어떡하려고?' 어릴 적 다른 사람과 비교당하는 말을 제일 싫어했던 나도 그런 생각이 들었다.

그러다 기어이 아이 앞에서 폭발한 건 수학을 가르치면서였다. 집중하지 못하는 게 당연한 나이인데, 내 기준은 또 한없이 높았다.

"왜 자꾸 딴 곳을 보는 거야. 문제를 푸는 데 집중하라고."

다그치는 말이 반복되자 아이는 풀이 죽었다. 풀이 죽은 아이의 눈을 보고 있으면 괴롭다. 그러나 미안한 마음도 잠깐, 또 딴 짓이다. 꾹꾹 참다 불분명한 아이의 대답에 결국 다시 한번 폭발하고 말았다.

"제발 엄마 말에 대답을 똑바로 하라고!"

화를 내고 나면 어김없이 자괴감이 피어오른다. 아이를 재우기 위해 누웠을 때 물었다.

"아까 엄마가 화냈을 때 무서웠어?"

내 팔에 기댄 아이의 고개가 위아래로 움직이자 마음이 아프다. '이제 시작인가. 보육을 지나고 이제 교육의 단계가 되어서 그런가.' 사회를 냉정하게 들여다볼 수 있는 '어른'이 된 나는 아이에게 닥칠 수 있는 어려움을 최대한 '막고 싶은' 존재가 됐다. 노력한다고 해서 그 어려움을 다 막을 수 없다는 것을 알지만. 또 아이가 성인이 됐을 때 세상의 모습이 어떻게 달라질지 예측하기 어렵다는 사실도 알지만.

어릴 때 엄마는 내게 말했다.

"네가 잘되면 엄마는 바랄 게 없어."

고3 때, 독서실에서 밤늦게 돌아오는 나를 보던 아빠는 늘 미안해했다.

"힘들어서 어쩌나. 참으란 말밖에 할 수 없구나."

그때의 나는 부모님의 마음을 짐작하지 못했다. 부모님이 어떤 불안과 어떤 괴로움을 맞닥뜨렸을지 이제야 짐작이 간다.

우리 아이들을 우리 힘만으로 키우지 못하는 구조에서 남편과 나는 부모님의 도움을 받으며 양육을 유지하고 있다. 맞벌이 부부의 두 아이를 어린이집에 데려다주고 데려오며 퇴근해 우리가 집에 돌아올 때까지 아이들을 봐준 사람은 '내 엄마'였다. 서른이 넘어 마흔에 가까워지고 있는 지금도 여전히 부모님의 도움 없이는 유지하기 어려운 이 생활. 나는 이러한 구조에 화가 나는 한편 부모님에게 죄책감을 느낀다. 이 상황을 '복 받은 상황'이라 말하는 사람들이 있고, 어쩌면 이제 나도 체념하는 상태일지도 모른다.

여전히 독립하지 못하고, 여전히 아이와 다름없이 부모님의 지원으로 돌아가는 일상. 부모님께 죄송한 마음과 우리 부부의 힘만으로 아이를 키울 수 없는 상황에 수반되는 갈등들이 몰아치면 '내가 일을 그만두고 아이를 돌보면 모든 게 해결될 텐데'라는 생각도 올라온다. 그럴 때 생각한다. '서른여덟인데 아직도 어른이 되지 못했고, 여전히 부모님에게서 독립하지 못했구나.' 늦은 밤 독서실 앞까지 마중을 나오는 아버지를 기다리던 나는 열아홉 살이었지만, 부모님에게 아이를 맡겨야 하는 나는 서른여덟 살이다. 이건 정당하지 않다. 그러나 부모의 지원 없이는 결국 내가 노동 시장에서 밀려날 것이다. 열여덟 살의 나처럼, '부모님의 사랑'에 의지할 수밖에 없다는 씁쓸한 결론에 이른다.

한국의 육아는 '가족 자원'으로 버티는 구조다. 가족 자원이 있는 사람은 복 받은 자고 가족 자원이 없는 사람은 차별적 상황에 몰린다. 취업이나 결혼과 마찬가지로 육아에서도 부모의 도움을 받을 수 있는 사람과 그럴 수 없는 사람의 격차는 점점 벌어진다. 그럼 부모는 도대체 자식을 몇 살까지 책임져야 하는가. 내 불안은 거기서 기인하는지도 모르겠다. 서른 살에도, 마흔 살에도 독립할 수 없다면….

아이가 수영에 겁을 내는 걸, 뺄셈을 못하는 걸 이렇게까지 답답해하고 두려워하는 것은 이 아이가 언젠가 혼자 서지 못할까 봐 내가 벌써부터 지레 겁먹고 있기 때문인지도 모른다. 아이를 믿어줘야 한다고 스스로를 다독이면서도 주변을 둘러보면 또다시 두려워진다.

내 부모가 내게 헌신한 것처럼 여전히 많은 부모들이 아이에게 헌신한다. 그러나 다들 헌신하고 싶어서 헌신하는 것일까. 사회를 믿을 수 없는 사람들이 가족 자원에 의지하는 풍경은 익숙하면서도 두렵다. 계속해서 가족 자원으로 문제를 해결해야 하는 구조가 유지된다면, 아마 나 또한 아이들에게 헌신하게 될 것이다.

　가족에 의존하지 않아도 될 때 비로소 안심하고 아이를 기를 수 있다. 그리고 그때에야 자식과 부모가 건강한 관계를 맺을 수 있을 것이다. 이런 당위의 문장들로 세상이 바뀌지는 않겠지만 그럼에도 노력하려 한다. 아이들의 인생을 대신 살아줄 수는 없다고, 불안을 동력 삼아 아이에게 헌신하지 않도록 양육의 태도를 가다듬어야 한다고. 그러나 쉽지 않다. 쉽지 않다는 게 두렵다. 그럼에도 다시 반복해서 말해본다. 아이가 스스로의 삶을 사랑할 수 있도록 아이를 사랑하는 부모가 되고 싶다고.

⋮

아이를
안고 보듬는 일은
결국 나를
안고 보듬는 일

"우리를 키우기 싫어서 그런 거지?"

원래는 요즘 들어 더더욱 말을 안 듣는 녀석들을 골려주려고 했었다. 아내가 진짜 엄마는 따로 있다면서 현관문을 나섰고, "진짜 엄마는 곧 올 거야"라는 대사로 연기까지 했다. 잠시 후 다시 집에 들어온 아내를 보고 아이들은 안도 반, 야유 반의 비명을 질렀다. 그러고는 첫째 녀석이 뱉은 말이 그랬다. 요 녀석, 많이 컸네, 싶다가 어딘가 마음이 찌릿했다.

"무슨 그런 서운한 소리를 하냐? 키우기 싫어서 그랬다니. 엄마 아빠가 너희들을 얼마나 사랑하는데."

어른이 다 돼가지고도 가끔 아이한테 이렇게 서운하다. '야, 우리가 정말 얼마나 힘들게 너희를 키우는지 아냐'라는 '치사빤스' 같은 소리가 목구멍까지 올라왔다가 다시 들어갔다.

한번은 이런 적도 있다. 책을 읽어달라기에 나름대로 등장인물 각각의 목소리를 살려 혼신의 힘을 다하고 있는 중이었다. 그런데 아이가 말했다.

"연기하지 말고 그냥 읽어~"

갑자기 마음이 팍 상했다. 완전히 삐쳐버렸다. 책 읽는 것도 그만두고 아이한테 심통을 부렸다.

"아빠가 나름대로 얼마나 정성들여 읽어주고 있는데, 그게 무슨 말이야."

나는 왜 싸우려고 하는 걸까, 저 꼬맹이들이랑. 다 큰 어른이.

어쩌면 나도 모르게 아이들에게 보상을 바라고 있었던 건 아닐까. 내가 사랑해주는 만큼 너희들도 이렇게 해줘야 하는 거 아냐, 하는. 아이들을 돌보는 일을 자꾸만 '희생'이나 '헌신'이라고 생각하려는 내 모습에 흠칫 놀란다. 희생이나 헌신에 보답을 바라는 모습에는 더욱 입맛이 아리다. 내가 좋아서, 내가 보고 싶어서 낳은 아이들인데.

돌이켜보면 나 역시 부모님에게 얼마나 서운한 말들을 많이 던졌을까. 고교 시절, 한번은 꼭 갖고 싶었던 것(아마 좀 더 나은 성능의 컴퓨터였던 것 같다)을 사주지 않는 부모님이 원망스러워서《돈 버는 데는 장사가 최고다》《일본을 보면 돈이 보인다》같은 책을 사 모으며 부모님께 이렇게 말한 적도 있었다. "돈 한 번 원 없이 벌어봤으면 좋겠어요." 그 말에 부모님 가슴이 얼마나 먹먹했을까. 부끄러워서 고개를 들 수가 없다. 그럼에도 부모님은 "내가 너를 어떻게 키웠는데" 같은 말은 한 번도 하신 적이 없다.

하루 종일 두 녀석과 함께 전쟁 같은 하루를 보내고 막 뽀얗게 씻긴 녀석들과 모기장을 친 침대에 누웠다. 저물어가는 여름밤의 시원한 공기를 맞으며 아이들에게 책을 읽어줬다. 온전히 나에게 기댄 작은 머리통 두 개와 들척지근한 옅은 땀내를 맡고 있노라니 말 그대로 행복했다. 요 녀석들과 함께 보낸 이 시간이 언제고 그립겠지. 이 달콤함 때문에 아이를 키우는 일을 그저 헌신이나 희생이라고 할 수는 없다. 내가 얻는 것이 너무나도 크다.

바다 생물 이야기책을 읽어주면서 농담 삼아 말했다.

"아빠는 벵에돔 좋아해. 커서 이거 사줘야 해."

그러니까 아이가 말한다.

"아빠, 아빠는 초코를 좋아하니까 초코 벵에돔 사줄게."

웃기면서도 가슴 한구석이 저릿한 말이었다. 더 보탤 말이 없어서 그저 아이를 껴안고 입을 맞춰볼 뿐이다.

갓 낳은 첫째를 품에 안고 병실 소파에 비스듬히 기대 있었던 때가 생각난다. 고개를 숙이면 아이의 까만 정수리가 내려다보였다. 온전히 내 품에 제 존재를 내맡기며 잠든 녀석이 있다는 사실에 가슴이 벅찼다. 늘 스스로의 모습을 불만족스러워하는 나이지만 그때만큼은 느꼈다. 컴컴한 마음 한구석에 작은 등이 켜지는 것을. 아이를 안은 손에 힘을 주며 "잘 살아야겠다"고 조그맣게 되뇌었다. 아이를 안고 보듬는 일은 나를 안고 보듬는 일이었다.

가슴팍을 누르고 있는 아이의 작고도 묵직한 무게감을 느끼면서 책임감도 생겼다. 많은 것이 부족한 내가 이렇게 아이가 기대도 될 만한 사람일까. 온전히 한 사람으로서의 몫을 할 만큼 자랄 때까지 잘 보살펴줄 수 있을까. 내 삶에 자리를 펴고 한 존재에게 곁을 내주는 일은 기꺼우면서도 어깨에 묵직한 돌을

오늘도 어른에 가까워졌다

환하게 웃으며 자라는 아이들을 보면서
나 자신에만 집중돼 있던 더듬이를 주변으로 펼쳐보게 됐다.
얼마나 많은 고마운 사람들이 기꺼이 곁을 내어줬던가를 생각하게 됐다.

없는 일이었다. 가끔 너무 자신이 없을 때면 윤대녕의 소설 〈상춘곡〉의 한 구절을 떠올린다.

"상대한테 자신 없어 하는 게 한편 사랑 아닌감? 자신만만한 게 어디 사랑이냐? 그냥 뻑다구 폼이지."•

그저 내 한 몸 건사하면 전부였던 내가 아이를 낳고 기르면서 난생처음 온전히 곁을 내주는 경험을 했다. 아이라는 타인에게 곁을 내주는 경험은 양가적이다. 아이를 감싸고 나를 둘러싼 울타리만 더 크고 공고하게 만들어가는 시작일 수도 있는 반면 아주 조금이나마 곁을 주고 서로를 보듬는 일이 얼마나 소중한가를 깨닫는 계기가 될 수도 있다.

아이를 낳은 뒤의 나와 낳기 전의 나를 비교해본다. 아이가 없었을 때 나는 지금보다 더 건조하게 세상을 바라봤다. 나를 둘러싼 껍데기 역시 더 단단했다. 하지만 지금은 아이를 통해서 한 번 더 생각하게 된다. 먼저 다가와 말을 걸어줬던 사람들, 웃으며 자신의 넉넉한 곁을 내어줬던 사람들에 대한 고마움을. 아이와 함께 살아갈 다른 아이들, 그리고 나와 함께 늙어갈 그 부모들을.

아이들 덕분에 오늘도 조금은 어른에 가까워졌다.

• 윤대녕 지음, 《많은 별들이 한곳으로 흘러갔다》, 문학동네(2000), 43쪽

3장

하루하루를
충만하고 평등하게

남편이 복직했다,
할아버지 육아가
시작됐다

9월의 첫날이자 일요일 밤, 잠이 안 왔다. 다음 날은 남편의 복직일, 첫째의 2학기 개학일, 할아버지 육아가 시작되는 날이기도 했다. 자기 직전까지 남편과 아이의 일정에 대해 논의했다. 첫째의 2학기 방과 후 수업, 돌봄교실, 피아노학원 일정을 시간표로 정리했고, 중간에 둘째 어린이집 하원 시간까지 정리했다. 아이들의 할아버지에게 드리기 위해서였다.

'할머니 육아'의 대안은 결국 '할아버지 육아'가 됐다. 첫째를 낳고 복직했던 2014년부터 만 5년 넘게 손주 육아로 체력을 소진한 엄마에게 더 이상 아이들을 맡길 순 없었다. 엄마의 무릎은 너무 약해졌다. 다행히 수술까지는 하지 않아도 된다는 결론이 났지만 '할머니 육아'를 지속하다가는 엄마의 무릎을 아예 망가뜨릴 수도 있는 일이었다.

남편이 육아휴직을 하면서 대안을 찾던 우리 부부를 위해 결국 아버지가 회사를 그만두기로 하셨다. 아버지는 "오래 일했고 이제 그만할 때가 됐다"라고 말씀하셨지만 씁쓸했다. 아무도 그렇게 생각하지 않는 것 같았지만 나는 죄책감을 느꼈다. 내 일자리를 유지하기 위해 아버지의 일자리를 놓게 만든 것은 아닐까.

하지만 죄책감은 잊고, 돌아오는 월요일부터는 할아버지가 주도할 수 있도록 육아의 흐름을 다잡아야 했다. 동선을 효율적으로 정리하고, 아이들의 활동과 휴식시간도 고려하다 보니 머리가 아팠다. 잠을 청하는데 묘하게 불안했다.

월요일 오전 7시, 남편은 아이들과 아침을 먹고 세수를 하고 옷을 갈아입었다. 나는 아이들 옷을 갈아입히고 준비물을 점검했다. 돌봄교실에 가져갈 색연필과 사인펜은 미리 사두지 못해서 내일 가져가기로 하고, 둘째의 어린이집에 가져갈 이불을 개켜 챙겼다. 오전 8시 20분이 되자 아버지가 도착했다. 10분 후 다 같이 집을 나섰다. 남편과 나는 회사로, 첫째와 둘째는 할아버지와 함께 학교와 어린이집으로.

아이들과 '빠빠이'를 하며 헤어지는데 또 한 번 기분이 묘했다. 아버지의 바지 때문이었다. 아버지는 손주 육아의 첫날, 검정색 긴바지를 입고 나타나셨다. '정장은 아닌 것 같은데… 정장 디자인으로 나온 등산 바지인가.' 아버지는 육아를 도와주기로 결정하면서 손주들이 학교, 어린이집에 할아버지가 온다고 속상해하면 어쩌나 걱정하셨다. 여전히 엄마가 데리러 오는 친구들이 많은데 아빠도 아니고 할머니도 아니고 할아버지라는 게 걱정되셨을 것이다. 하얀색 티셔츠에 정갈한 검정색 바지를 갖춰 입은 아버지를 보면서 그 때문인가 싶었다.

첫째에게는 한번 물어봤었다.

"2학기가 되면 아빠가 다시 회사를 가고, 할아버지가 학교에 데려다주실 거야. 할아버지가 오시면 싫을 것 같아?"

첫째는 "왜?"라고 되물었다.

"다들 엄마가 오는데 할아버지가 오면 속상할 수도 있잖아."

"괜찮은데?"

첫째는 아무렇지 않게 말했다. 안심한 나는 아이의 말이 끝나자마자 웃으며 협박(?)했다.

"할아버지가 오신다고 속상해하면 나쁜 거야. 엄마 아빠가 할 일을 대신해주시는 거야. 할머니 할아버지는 엄마 아빠나 다름없어."

늘 아이들에게 할머니, 할아버지에게 감사해야 한다고 가르치면서도 속으로는 아이가 엄마의 부재를 속상해할까 봐 전전긍긍한다.

하필이라 말하면 안 되겠지만 하필… 남편의 복직 다음 날 둘째 어린이집 참관수업이 있었다. 남편과 나, 둘 다 참여하기 어려워서 아버지가 가기로 했다. 회사에 있는데 어린이집 알림장에 사진이 올라왔다. 둘째를 무릎에 앉히고 웃고 있는 부모님의 모습이 보였다. 아버지 혼자는 어색하실까 봐 엄마가 같이 나선 모양이었다.

"얼마나 복 받은 상황이야."

남편이 말했다. 그래, 맞다. 복 받은 상황이다. 그렇지만 항상 고맙지만도 않고 미안하지만도 않은, 고마움, 미안함, 죄책감, 사회에 대한 분노가 뒤섞인 감정을 마주한다.

그날 저녁, 아버지는 말씀하셨다.

"선생님이 고생하셨지. 안 오던 할아버지까지 오니 엄마, 아빠, 할머니에 할아버지까지 부르셔야 했어."

무슨 말인가 했더니 참관수업을 진행하시는 선생님이 참여한 부모들을 부를 때 보통은 엄마, 아빠, 할머니까지만 불렀을 텐데 오늘은 '할아버지'까지 와서 한 사람 더 불러야 했다는 얘기였다. 웃음이 나왔다.

부모님의 절대적 도움으로 아이를 키우는 '복 받은 우리 부부'는 다시 맞벌이 부부로 돌아왔다. 남편은 복직해 정신이 없고, 남편이 복직하니 나도 정신이 없다. 남편이야 6개월간 쉬던 회사를 나오니 정신이 없지만, 나는 다니던 회사를 다니는데도 너무 피곤해 밤마다 뻗었다. 양육 구조를 다시 맞벌이 부부 구조로 맞춰야 한다는 부담감 때문이었을까.

요즘은 매일 아침 아버지에게 메시지를 보낸다. 혹시 헷갈리실지 몰라서 보내는 '오늘 동선' 메시지다. 메시지를 보내다 불현듯 깨닫는다. 다시 외줄에 올라탔구나. 조금만 삐끗하면 떨어지는 외줄에. 아무리 친정부모님이 계셔도 남편이 아이들을 돌봤던 육아휴직 시절의 안도감은 느끼지 못할 것이다. 육아는 우리 부부의 일이지, 할머니 할아버지의 일이 아니니까. 둘째를 낳고 회사로 돌아온 뒤, 한국에서 일하면서 아이를 키우는 것은 가랑이가 찢어지지 않기 위해 최선을 다해 버티는 일 같다고 자주 생각했었다. 그 생각이 또다시 일상을 휘감을까 두려웠다.

내가 꿈꾸는 육아는 소박하다. 내가 출근하며 아이들을 어린이집과 학교에 데려다주고, 남편이 퇴근하며 아이들을 데려와 저녁을 먹이는 풍경이다. 조부모가 '독박 육아'를 하지 않아도 되고, 조부모가 도와줄 수 없는 가정이 상대적 박탈감을 느끼지 않아도 되는 그런 풍경 말이다. 마음 한편엔 늘 언젠가 어떤 고리 하나라도 문제가 생기면 회사를 그만둬야 하는 것은 나라는 생각이 있다. 우리 부부가 서로를 그렇게 규정하지 않더라도, 우리가 사회 바깥에서 살 수는 없으니까. 남편과 함께 나섰던 오랜만의 출근길, 짧았던 남편의 육아휴직 기간을 오랫동안 그리워하게 될 거라는 생각을 했다.

복직 전날 밤, 남편과 함께 첫째 방과 후 수업에 대해 논의할 때였다. 2학기부터 돌봄교실에 있을 수 있게 됐는데, 돌봄교실과 방과 후 수업의 시간이 겹쳐서 1학기에 하던 방과 후 수업 중 두 개를 빼야 했다. 그때 남편이 말했다.

"보드게임은 놔두자. 쑥스러움 많은 애가 친구들이랑 보드게임 하면서 사회성을 키울 수 있을 것 같더라."

남편은 두진이의 방과 후 수업 참관을 도맡았다. 보드게임 수업 때 아이가 친구들과 함께 게임을 하면서 즐거워하는 모습을 지켜봤다고 했다. 우리 둘 다 회사를 다녔다면 아마 방과후수업 참관은 가지 못했을 것이다. 남편이 아이 곁에 있었던 덕분에 내가 보지 못했던 아이의 표정을 남편이 볼 수 있었다. 그렇게 우리는 아이의 일상의 힌트를 더 얻을 수 있었다.

할아버지 육아의 첫날

아빠 육아의 끝은 할아버지 육아의 시작이었다.

할아버지는 손주 육아의 첫날,

깔끔한 정장 바지에 하얀색 티셔츠를 정갈하게 갖춰 입었다.

이 뒷모습을 잊지 않고 싶어 사진을 찍었다.

다행히 아이들은 할아버지와 함께 보내는 일상에 잘 적응하고 있다. 지금 당장 우리가 원하는 만큼 아이와 함께할 순 없지만, 외줄에서 떨어지지 않게 남편과 내가 서로 손을 꼭 잡고 있어야겠다. 우리 아이들이 아이들을 기르는 시대에는 '외줄'을 떠올리지 않길 바라면서.

황

:

시간은 쏜살같이 흘러,
복직의 순간도 닥쳤다

"아빠 오늘부터 회사 가는 거야?"

"응~"

"아쉽다."

반년에 걸친 육아휴직이 끝나고 출근하는 첫날, 함께 현관을 나서던 첫째가 말했다.

"회사 가서 잘하고 와~"

녀석, 훌쩍 컸구나. 괜히 미안했다. 이제부터 데려다줄 수 없다는 사실이. 일부러 그런 건 아니지만, 그리고 이제는 할아버지, 할머니가 더 잘 보살펴줄 테지만. 왠지 모를 서운함이 마음 한구석에서 솟구쳤다.

복직하기 전날은 잠이 오지 않았다. 내 인생에 다시 돌아오지 못할 시간들을 잘 보낸 것일까. 아이들에게 좋은 추억을 만들어 줬을까. 휴직하면서 결심했던 수많은 다짐들은 잘 실천했나. 확신이 서질 않았다.

첫째와는 함께 만들기도 더 많이 하고 컴퓨터도 가르쳐주고 싶었다. 둘째와는 밖에서 더 신나게 놀고 싶었다. 하지만 늘 피곤하다는 이유로, 하루하루 해야 할 일들을 해치우느라, 빨리 밥을 먹고 씻고 자야 한다는 이유로 그러지 못했다. 목표했던 것의 반의반도 채우지 못했다. 생활 습관을 가르치는 일에서도 차근차근 설명해서 납득시키기보다는 빽빽 소리를 지르는 일이 더 많았다. 아이들을 돌보다 조금 남는 시간에는 운동도 하고 책도 좀 더 읽고 싶었지만 애당초 얼토당토않은 일이었다. 아이들을 돌보는 일은 그렇게 시간이 남을 정도로 녹록지 않았다. 시간은 말 그대로 쏜살같이 흘러갔고, 오지 않을 것 같던 복직의 순간도 닥쳤다.

복직하기 전 마지막으로 가족여행을 떠났다. 그 여행에서 첫째에게 아빠가 육아휴직한 동안 뭐가 가장 기억에 남았느냐고 물었다. 어떤 대답일까 무척 기대했는데 막상 돌아온 대답은 싱거웠다.

"양천 탐험하고 떡볶이!"

'양천 탐험'이라고 해서 거창하게 느껴지지만, 사실 별것 아니었다. 구청에서 주민들의 건강을 위한 산책로를 만들었는데, 산책로를 알려주기 위해 보도블록에 박아놓은 표지판을 찾으러 다니는 일을 우리끼리 '양천 탐험'이라고 불렀다. 첫째는 유난히도 그 표지판을 신기해했다. 새로운 표지판을 하나 찾을 때마다 환호성을 지를 정도로 좋아했다.

방학을 한 뒤에는 학교에서 하는 방과 후 수업 하나를 듣고 하굣길에 함께 양천 탐험을 다녔다. 다섯 개, 여섯 개, 일곱 개… 표지판 하나씩을 새로 찾을 때마다 첫째는 신나서 뛰어갔다. 가만히 있어도 땀이 줄줄 흐르는 한여름, 하도 많이 걸어서 다리가 뻐근할 정도였지만 첫째가 어찌나 좋아하던지 그만하자고 말할 수가 없었다. 집에 돌아오는 길에는 녀석과 함께 학교 앞

분식집에서 떡볶이와 김밥을 사 먹었다. 밥 차리기가 귀찮아서 먹자고 한 거였는데, 첫째는 그것도 무척 좋아했다. 매운 걸 잘 먹지도 못하는 녀석이 '헥헥' 하면서 물을 마셔가며 떡볶이를 먹는 모습은 말할 수 없이 귀여웠다. 그런 별거 아닌 일이 녀석에게는 기억에 남았나 보다.

둘째 녀석은 여행 중 머물던 숙소 화장실에서 손을 씻고 나오며 인상을 잔뜩 찌푸리고는 말했다.

"아빠, 수건을 여기에 좀 걸어놔라~"

물기를 닦을 수건이 없었던 모양이다. 잔망스런 말투에 아연 실색했다가 흐뭇해졌다. 육아휴직 덕분에 집안일은 아빠도 하는 것이고, 수건도 아빠가 걸어놔야 하는 것이라고 생각하게 됐나 보다. 헛물켠 셈은 아닌 것이다.

두 녀석은 숙소에서 '회사놀이'를 하면서 놀았다. 숙소 밖 마당에 앉아 있던 내게는 '부장님' 역할을 맡겼다. 첫째 녀석은 회사에 가는 아빠, 혹은 엄마 역할을 하는 것 같았다. 둘째 녀석은 집에 있는 아이 역할이었다. 둘이서 현관문을 드나들며 열심히 논다. 첫째가 테이블 위에 장난감으로 노트북을 만들어놓고는 뭔가를 심각한 표정으로 두들긴다.

"이거 어떻게 하는 놀이야?"라고 묻자 첫째가 답했다.

"응, 내가 나가면서 동생한테 자고 있으면 들어온다고 하고 회사에 갔다가 그다음에 동생이 자고 있으면 다시 현관문을 열

'회사 놀이'에 열중하고 있는 첫째

아이들은 "자고 있으면 들어올 거야"라는 부모의 말을 잊지도 않고 써먹는다.

언제나 엄마 아빠와 보내는 시간을 갈구하는 녀석들에게 늘 미안하다.

고 들어가는 놀이야."

순간 말문이 막혔다. 우리가 매일같이 야근을 하는 것도 아닌데. 가끔 "오늘은 늦게 오는 날이라 자고 있으면 들어올 거야" 했던 말을 녀석들은 잊지도 않고 있었던 것이다. 엄마 아빠와의 시간을 늘 갈구하는 녀석들.

복직 둘째 날, 회식을 하고 밤늦게 집에 돌아왔다. 아침에 일어나 녀석들을 보니 웬지 인상이 달라 보인다. 그새 부쩍 큰 느낌이다. 겨우 하루 안 봤는데. 괜히 녀석들의 머리를 한참 동안 쓰다듬었다.

임

:

가족의 모양은
한 가지가 아니다

'경력 단절'은 모면했지만 또다시 부모님의 손을 빌리게 되었다는 사실이 괴롭다. 일흔을 앞두고 무릎이 아픈 엄마 대신 손주들을 돌보게 된 아버지의 삶을 생각하면 미안한 마음이 가장 크다. 가끔 아버지가 힘들어하시는 것 같으면 마음을 졸인다. 나와 남편, 그리고 아버지 셋이서 2인 3각 경기를 하듯 다리를 묶고 뛰고 있으니, 한 사람이 넘어지면 모두 넘어지게 될 테니까. 엄마가 아이들을 봐주실 때도 똑같았다. 엄마가 '무릎이 아프다'는 말을 할 때마다 가슴이 철렁했다. 겨우 엄마를 아슬아슬하게 붙잡고 뛰고 있는데 넘어질까 봐.

한편, 나를 돌보지 못했던 아버지가 나의 아이들을 돌보는 풍경을 보는 건 고마우면서도 서운한 감정을 불러일으킨다. 아버지도 아이들과 잘 놀아주는 아빠였구나, 하는 사실을 깨달으며 일에 파묻혀 자식들과 시간을 보낼 수 없었던 아버지의 젊은 날이 떠올라서다.

그럼에도 안심하는 순간이 너무 많다. 하루는 아버지가 누구 엄마를 아느냐고 물으셨다. 나는 모르는 분이었다. 아버지는 그분이 첫째와 같은 반인 친구의 엄마라며, 우연히 마주쳐 대화를 나누었다고 했다. 30대의 엄마와 60대의 할아버지가 육아의 고충에 대한 대화를 나누었다는 이야기를 듣는데 또다시 기분이 묘했다. 나도 모르는 아이의 친구 엄마를 아버지가 안다는 사실이 신기했고, 그 둘이 육아의 고충을 나누는 모습을 상상하니 웃음도 나왔다.

한국 사회에서 나 같은 경우는 '행운'에 속한다. 첫째를 낳고 복직했을 때는 엄마가 도와주셨고, 첫째가 여덟 살이 되어서부터는 아버지가 도와주고 계시니, 맞벌이로 아이를 키우는 집에서는 부러워하는 환경이다. 아버지가 아이들을 돌보게 되니 어떤 면에선 걱정이 줄기도 했다. 늘 마음의 짐이었던 엄마의 아픈 무릎을 생각하면 그래도 아버지는 엄마보다 체력이 좋기 때문이다. 아이들을 어린이집과 학교에 데려다주고 데려오는 일이 중요한데, 아버지는 늘 "이런 게 뭐가 힘드냐"라고 말씀하신다.

아버지는 내가 보지 못했던 아이들의 모습을 전해주기도 하신다.

"이준이는 죽음에 관심이 많더라."

다섯 살 아이가 죽음이라니. 무슨 말인가 했더니, 지렁이가 죽어 있는 모습을 보고 둘째가 "지렁이는 어디로 갔어요?"라고 물었단다. 그래서 하늘나라로 멀리 갔다고 답해주었더니 아이는 다시 이렇게 물었다고 했다.

"그럼 할아버지의 아빠는 어디에 있어요?"

모두들 언젠가는 죽는다는 사실을 벌써 궁금해하다니. 아버지는 둘째에 대해 이렇게도 이야기하셨다.

"이준이는 사물이 없어지면 어디로 가는지 관심이 많더라."

할아버지와 거리를 걸으며 둘째는 줄곧 땅에 떨어진 것들이 어디로 가는지 궁금해한다고 했다.

"나뭇잎이 떨어지면 어디로 가요?"

아버지는 이렇게 설명해주었다고 했다.

"나뭇잎이 떨어지면 썩어서 땅속으로 가지. 그리고 거름이 되어 다시 나무가 새잎을 피울 수 있게 해준다."

최근 아이들은 할아버지, 할머니와 함께 증조부모님의 산소에 다녀왔다. 둘째가 드디어 할아버지의 아빠가 묻혀 있는 곳에 가게 된 것이다.

"여기에 누가 있어요?"

"할아버지의 아빠, 엄마가 여기 있지."

태어나고, 자식을 낳고, 죽고, 또 아이를 낳으며 이어지는 세상의 흐름을 아이도 언젠가 이해하게 되겠지.

첫째에 대해서는 "두진이는 정말 꼼꼼한 아이"라고 말하며, 얼마나 꼼꼼하게 로봇을 조립했는지 이야기해주신다. 내가 옆에 있을 수 없는 시간, 아버지 덕분에 아이들의 이야기를 듣는다.

육아에 대한 글을 공개적으로 쓰기 시작한 건 2016년부터였다. 그런데 언제부터인가 글을 쓰기가 힘들어졌다. 조부모가 지원해주는 맞벌이 부부의 투정쯤으로 읽히지 않을까 하는 염려 때문이었다. 우리보다 어려운 상황에서 아이를 키우는 사람들이 적지 않은데 배부른 소리로 읽힐까 봐. 실제로 그렇게 읽은 사람들의 댓글을 맞대고 나면 우울했다.

한국에서 조부모가 육아를 지원하는 가족과 그렇지 못한 가족의 격차는 너무 크다. 아이들이 갑자기 아프거나 회사에 예기치 않은 일이 터져 야근이라도 해야 할 때면 앞이 막막해진다. 코로나19 사태처럼 아이들의 건강과 당장의 돌봄을 걱정해야 할 때도 회사 눈치부터 봐야 하는 상황이니 말이다. OECD 국가 중 한국의 여성 경제활동 참여율이 가장 낮은 이유도 바로 여기에 있다. 여성들이 결국 회사를 그만둘 수밖에 없는 상황으로 몰리기 때문이다.

조부모의 지원 없는 맞벌이 부부의 육아가 이렇게나 힘들다는 것, 그래서 조부모의 지원을 받을 수 있는 맞벌이 부부는 '행운아'로 여겨지는 것, 과연 괜찮은 걸까?

혼자서 아이를 키울 경우 상황은 더욱 복잡해진다. 미혼모 단체를 찾아 돕는 입양인을 취재한 적이 있다. (생후 3개월 때 해외로 입양되어 자란 사람이었다.) 그는 자신을 입양한 부모의 국적을 자신의 정체성으로 생각하며 자랐지만, 우연히 한국에 왔다가 살고 싶어져서 한국에서 살고 있다 했다. 그런데 해외 입양인과 미혼모는 무슨 관계일까? 그는 왜 미혼모 단체를 찾아 돕는 것일까? 처음엔 쉽게 이해하지 못했다.

"엄마 혼자서도 아이를 끝까지 키울 수 있는 환경이라면, 아이들이 가족을 떠나 외국에 가지 않아도 될 테니까요."

아직 친부모를 찾지 못했다는 그의 말을 들으며 대화를 나누는 동안 드문드문 뿌리를 알 수 없는 자의 공허한 눈빛을 읽었다. 어른이 된 그가 고국에 돌아와 미혼모 단체를 지원하는 이유는 자기를 닮은 아이들이 태어난 나라에서 계속 자랄 수 있기를 바라기 때문이었다.

그날, 취재가 끝나고 집에 돌아와 아이들을 재우는데 잠자리가 너무 따뜻해서 자꾸 눈물이 났다. 우리 아이들만 따뜻해도 되는 걸까. 미혼모들은 보통 원가족과 연이 끊어져 아이와 엄마 둘만 남는 경우가 많다고 했다. 주변의 아무도 도와주지 않기 때문에 일을 할 수도 없고, 일을 한다고 해도 아이가 어린이집에 가는 시간 동안만 짧게 할 수밖에 없어서 소득이 현저히 낮아진다.

미혼부의 경우도 복잡하다. 육아가 엄마의 몫인 사회에서 혼자 아이를 키우는 아빠는 더더욱 고립될 수밖에 없다. 야간에 일하는 어떤 아빠가 아이를 보육원에 맡기고 일하러 가는 경우도 있다는 말에 가슴이 덜컹했다. 이뿐만 아니라 우리 주변에는 아빠도 엄마도 없이 조부모가 주 양육자인 경우도 있다. 그들에게는 과연 얼마나 많은 어려움이 있을까.

어떤 아이든 안전하고 건강하게 자랄 수 있는 사회를 위해서는 부모의 입장이 아니라 아이들의 입장에서 육아를 고민해야 한다. 어떤 아이도 사각지대에 남지 않는 제도와 정책이 마련되어야 한다.

최근 넷플릭스 드라마 〈빨간 머리 앤〉을 보기 시작했다. 어린 시절 봤던 만화는 상상력이 풍부한 앤과 다정한 다이애나의 우정을 그렸다고 생각했는데, 재해석한 드라마를 보니 첫 회부터 눈물이 쏟아졌다.

고아로 자라온 앤은 한껏 기대를 품은 채로 커스버트 남매의 집에 도착하지만, 남자아이를 입양하려고 했다는 이야기를 듣고 앤의 기대는 무너진다. 앤이 그 집에 가기 전까지 겪었던 일들이 드라마에서 자세하게 표현돼서일까. 앤이 보육원에서 괴롭힘당한 기억에 괴로워하고, 버려질까 봐 두려워할 때마다 내 눈에서는 눈물이 쏟아졌다. 엄마가 되고 보니 부모가 없는 아이들의 이야기를 보며 평정심을 찾기가 어렵다.

다행히 앤과 커스버트 남매는 조금씩 가족이 되어간다. 아이가 없었던 남매는 앤을 만나 더욱 풍성한 삶을 가꿀 수 있게 됐고, 부모를 잃은 앤 또한 가족을 이루고 안전하게 살 수 있게 됐다. 세 사람이 서로를 애틋한 마음으로 사랑하게 되는 과정을 보면서 어떤 모습이 진정한 가족인지 돌아보게 됐다. 혈육으로 맺어지지 않아도 서로를 존중하고 아끼는 관계라면. 작은 존재의 성장을 지원하면서 작은 존재를 키우는 사람도 더 성장하게 되는 관계라면.

우리 사회가 앤과 커스버트 남매와 같은 관계들을 응원할 수 있는 곳이 될 수 있을까. 모든 아이들이 안전하고 따뜻한 집에서 자랄 수 있는 사회를 만들기 위해서는 많은 정책들이 필요할 것이다. 그 정책들보다 중요한 것은 어떤 모습의 가족이라도 존중받을 수 있는 사회의 품격일 것이다. 그런 사회를 꿈꾼다.

황

:

행운이 뒤따라야
아이를 키울 수 있는
사회라면

사람마다 죽을 때까지 잊을 수 없는 인생의 장면이 몇 있을 테다. 내게 손꼽히는 장면은 막 태어난 첫째를 받아 안아 들었던 순간이다. 그때 가장 먼저 든 감정은 뭉클함도 애틋함도 뿌듯함도 아니었다. 우습게도 겁이 났다. 내가 뭘 잘못 만져서 이 녀석이 아프게 되는 건 아닌지, 안절부절 어쩔 줄 몰랐다. 손도 발도 너무나 작고 연약해서 흡사 투명해 보일 지경이었다. 10초쯤 안고 있었을까. 얼른 곁에 서 계시던 장모님께 안겨드렸다. 뭔가 상징적인 순간이었다.

아이를 키우면서 장인어른과 장모님께 물심양면, 무한대의 도움을 받았다. 아이가 아파 어린이집에 보내지 못할 때면 하루 종일 돌보아야 할 장모님의 굽은 등을 보며 무거운 마음으로 출근했다. 퇴근해 집으로 돌아오면, 두 분은 매일 정리도 제대로 못하는 지저분하고 어질러진 좁은 집에 피란민처럼 앉아 계셨다. 우리 부부가 둘 다 늦게 들어오는 날이면 아이들을 재우면서 불편하게 누워 계시다가 부스스한 모습으로 일어나 다시 집으로 돌아가시곤 했다.

육아휴직을 하면서 아이들과 함께 생활해보니 다시금 또 얼마나 힘드셨을까 생각하게 됐다. 아침을 먹이고 옷을 입혀서 어린이집으로, 유치원으로 데려가는 일은 쉽지 않다. 매번 돌발 상황이 생긴다. 나갈 준비가 다 됐다 싶을 때 별안간 양말이 마음에 안 든다며 떼를 쓴다. 시간 맞추기는 늘 전쟁이다. 젊은 나도 지치는 일이다. 아이들을 데려다주고 데려오고 하는 일을 반복하다 보면 어느새 만 보를 넘게 걷는다.

육아휴직 기간 동안 둘째는 마침 배변 훈련을 시작했다. 기저귀 가는 일은 정말 귀찮은 일이었다. 배변 훈련을 시작하고 나서 기저귀가 얼마나 편한 물건인지 뒤늦게 깨달았다. 기저귀를 차고 있으면 계속 대소변을 가리지 못할까 봐 아예 아랫도리를 벗겨놓거나 배변팬티를 입혀놓았더니 집 안은 엉망이 됐다.

처음에는 아이가 "쉬 마려워요" "똥 마려워요" 하면서 변기를 찾는 듯해 금방 하겠다 싶어 안심이 됐다. 착각이었다. 잠시 한눈을 판 사이에 바닥이 흥건하게 젖었다. 아이는 손발에 변을 묻힌 상태로 돌아다니면서 킥킥대며 웃는다. 그러는 사이 정작 '큰 덩어리'는 어디로 갔는지 찾을 수가 없다. 눈 깜짝할 사이에 연속 세 장 '콤보'로 배변팬티를 적셨을 때는 화가 나기도 했다. 좀 되는가 싶다가도 다음 날 아침이면 또다시 리셋이었다.

둘째를 키우면서 따져보니, 첫째의 배변 훈련은 장모님이 시작하셨다. 비슷한 시기에 시작했지만 첫째의 배변 훈련은 더 초조하고 힘들었다. 첫째는 12월생인데, 유치원에서는 대소변을 가려야 하기 때문에 일찍 배변 훈련을 시작해야 했다. 장모님은 아이를 어르고 달래면서 끈기 있게 훈련을 시켰다. 그리고 아이가 고향 집에 내려가 있는 동안 어머니가 훈련을 완성하셨다. 그때는 배변 훈련이 이렇게 힘든 것인지 알지 못했다. 직접 해보니 그냥 기저귀를 더 채워놓을까 하는 생각까지 들었다.

휴직 기간 동안 아이들과 보내는 시간이 늘어나면서 화를 내거나 짜증을 내는 일도 덩달아 늘었다. 너무 심했나 싶을 때는 내가 돌보는 것보다 할아버지, 할머니가 돌보는 게 아이들에게도 더 낫지 않을까 하는 생각까지 들었다. 그러나 이 일은 누구의 일도 아닌 나의 일이었다. 육아휴직을 하는 동안 내가 해야할 일을 스스로 하고 있다는 보람과 뿌듯함이 그 무엇보다 좋았다. 휴직 전 어느 날 일기에는 이렇게 적어두었는데, 그 아쉬움을 조금이나마 덜 수 있는 시간이었다.

"햇살은 눈부셨다. 둘째와 어린이집까지 걸었다. 녀석과 걸으면 좋은 일이 한두 가지가 아니다. 작은 손을 잡고 걷는 일 자체가 좋다. 또 많은 사람들이 귀여워한다. 한참을 걷던 녀석은 갑자기 '아나저요'라고 한다. 번쩍 들어 안아주니 녀석이 내 품에 폭 안긴다. 폭 안긴 녀석을 안고 봄날 가로수의 연둣빛으로 가득한 교차로를 바라보고 서 있는데 갑자기 눈물이 났다. 인생의 짧은 순간은 그렇게 간다. 그날따라 이준이는 어린이집에서 떨어지기 싫어하며 울었다. 울지 않아도, 녀석이 '빠빠이' 하며 손 흔드는 모습만 봐도 늘 가슴이 아팠다. 녀석의 손은 늘 내 가슴을 휘저어놓곤 했다. 아, 그냥 녀석과 함께 시간을 보내는 게 인생 전체를 봐선 더 나은 일 아닌가. 첫째 때도 똑같이 했던 생각이다."

만화 〈미생〉에는 '워킹맘' 선 차장의 이야기가 나온다. 선 차장은 어린이집에 아이를 맡기면서 아이에게 인사할 새도 없이 정신없이 통화하며 뒤돌아서 출근한다. 그러다 문득 다시 뒤를 돌아봤을 때, 엄마의 뒷모습을 물끄러미 쳐다보고 있는 아이의 모습이 보인다. 선 차장은 다시 되돌아가서 아이를 안아주고 눈물을 흘리며 생각한다. '생활 때문에… 널 미루지 않을게.' 이 부분에서 나도 울컥했다. 몇 번이나 봤지만 지금도 이 장면을 보면 가슴이 찌릿하다. 육아휴직을 하면서 그런 마음의 부담감은 조금 덜었다.

다시 회사에 출근하면서 육아는 조금 멀어졌다. 매일 아이의 손을 잡고 걷던 동네 거리가 조금은 낯설게도 느껴진다. 괜히 서운하기도 하다. 일하는 시간과 아이들을 돌보는 시간은 둘 다 삶을 지탱하는 중요한 축이다. 어느 것 하나 내려놓을 수 없으니 그 사이에서 허둥댄다.

복직을 하고 난 뒤 때때로 이런 질문을 받는다.

"이제 애들은 누가 봐?"

"장인어른, 장모님이 봐주시죠."

그렇게 대답할 때마다 약간 머쓱한 기분도 든다. 육아휴직을 하고 이렇게 글까지 쓰는 것, 이 모든 것이 행운이라는 사실을 잘 안다. 주변에는 조부모에게 아이들을 맡기는 것도, 육아휴직을 쓰는 일도 할 수 없는 사람들이 너무나 많다.

많은 우연과 행운이 겹쳐 여기까지 왔다. 정규직이 된 것부터가 행운이다. 언론사 입사를 준비하던 시절, 수없이 시험을 쳤지만 3년 가까이 연거푸 낙방하고 좌절했다. 언론사뿐만 아니라 기업도 30곳 가까이 지원했지만 대부분 서류에서 탈락했고, 면접도 몇 번 보지 못했다. 과연 밥벌이는 하고 살 수 있을까, 그런 생각으로 밤마다 베갯잇을 적셨다. 소가 뒷걸음질하다 쥐 잡듯 지금 일하는 회사에 합격한 것도 행운이었다.

얼떨결에 입사해서 지금의 일을 하지 못했다면, 만약 비슷한 일을 했더라도 비정규직으로 일해야 했다면 결혼은 꿈꾸지 못했을 것이다. 정규직이 될 수 있었더라도 육아휴직을 보장해주지 않는 회사였다면 육아휴직은 꿈도 꾸지 못했을 것이다. 육아휴직에 관대했더라도 남자는 안 된다고 선을 긋는 회사였다면 어땠을까. 주변의 많은 친구들이 내 육아휴직 자체를 부러워했던 것처럼. 정규직이 될 수 있었던 것도, 이런 회사에 다닐 수 있었던 것도 행운이다.

서울에 연고가 있는 배우자를 만난 것도 행운이다. 굳이 그런 '계획'이 있었던 것도 아닌데, 그때는 그게 이렇게 큰 행운인지 잘 몰랐다. 아버지, 어머니는 끔찍이 손주들을 아끼시지만 아무래도 멀리 떨어져 계신지라 자주 보러 오시지는 못한다. 곁에 계시는 장인어른과 장모님의 도움을 받을 수 없었다면 지금처럼 일하면서 아이를 키우는 일은 정말 생각할 수도 없었을 것이다. 결국 한 사람은 일을 그만둬야 하지 않았을까. 지금 사는 동네도 그렇다. 여전히 부족하긴 하지만, 상대적으로 보면 다른 지역보다 어린이집이나 유치원을 보내기가 수월하다. 어떤 지역에서는 선택지 자체가 없어서 발을 동동 구르는 경우도 자주 봤다. 이것도 내가 두 분 곁에 살지 않았으면 누리지 못했을 행운이다.

애초에 지금의 아이들과 만날 수 있었던 것 자체가 행운이다. 우리 부부는 어렵지 않게 아이를 가졌다. 아이를 정말 원하지만 임신이 어려운 경우도 많다. 우리는 늘 허덕대며 살고 있지만 한국 사회에서 '정상'으로 불리는 어떤 면에서는 부러움을 사기도 하는 '4인 가족'이다. 그리고 이는 모두 우연의 행운이 계속됐기 때문이다.

이 말을 뒤집어 생각해보면 내가 가진 행운(정규직 취업, 서울에 연고가 있는 배우자와의 결혼, 조부모와 가까운 곳에 사는 것, 서울 거주, 남성이 육아휴직을 쓸 수 있는 조직 문화) 중 하나라도 없었다면 아이를 키우기가 몹시 버거운 사회라는 뜻이기도 하다.

우연의 행운이 계속되지 않더라도 아이를 낳아 키우는 일의 행복을 추구하는 것은 당연히 보장돼야 하는 권리이지 않을까. 이렇게나 많은 전제 조건과 행운이 뒤따라야 겨우 아이를 키울 수 있는 사회라면, 저출생이 당연하다. 가족 형태, 고용 형태, 수입, 출신 지역, 사는 곳이 어떻든 아이를 낳아 키우기가 수월해

야 한다. 그래야 아이를 낳아 키우는 이 '행운'을 좀 더 많은 사
람들이 누릴 수 있을 것이다.

임

⋮

당신이 남편이라서
늘 다행이라고 생각해

가끔 결혼을 후회한다. 딱히 잘못한 사람이 없는데도 가부장제를 온몸으로 느끼는 순간들이 있다. 어린 시절 나보다 남동생을 훨씬 더 환영하는 친척집 분위기를 느꼈을 때처럼 위축되고 내 존재가 조금 보잘것없어 보일 때, "요즘은 시어머니가 며느리를 구박하진 않잖아"라는 농담에 목소리를 높여 그런 말이 얼마나 모욕적으로 느껴지는지 아느냐고 따지고 싶어질 때, 생각한다. '애초에 감당할 수 없는 선택은 아니었을까.' 내가 결혼제도와 맞지 않는 인간이었을지도 모르는데.

스물아홉 살에 남편과 연애를 시작해 서른 살에 결혼했다. 여름 끝에서 시작하고 다음 해 봄에 결혼을 결심했으니 9개월 만이었다. 입사 동기니까 이미 알고 지낸 시간이 있기야 했지만 결혼에 대한 확신은 순식간이었다. 연애를 시작하고 나서는 '이렇게 잘 맞는 사람을 왜 옆에 두고도 몰랐을까' 하는 생각도 많이 했다. 그만큼 남편과는 '파트너'가 될 수 있겠다는 확신이 있었다.

남편은 내게 중요했던 것들 세 가지, '정치적 지향 공유, 문학에 대한 대화, 정서적 안정'이라는 조건을 모두 충족하는 파트너였다. 남편이 김수영의 책을 가져와 조곤조곤 얘기하던 어느 술집을 또렷이 기억한다. 아마 그때 남편과 결혼하고 싶어졌던 것 같다.

내가 꿈꾸던 결혼은 그런 모습이었다. 정치적 이슈에 대해 서로의 의견을 주고받으며 자유롭게 토론하는 관계. 각자 다른 소설을 읽고 인간의 본성과 세계의 모순에 대해 대화하는 관계. 주말에는 공원을 걷고, 휴가 때는 자연을 걷는 삶을 꿈꾸는 관계. 지금도 남편과 손을 잡고 걷는 걸 매우 좋아한다. 아마 안심이 되어서일 거다. 어떤 분노, 어떤 불안이 나를 휘감을 때 남편의 두꺼운 손을 잡으면 안심이 된다. 그럴 때면 결혼해서 다행이라고 생각한다. 하지만 늘 결혼을 다행으로 느낀 것은 아니었다. 결혼 제도에 들어가는 것도 두려웠다.

결혼을 준비할 때였다. 결혼으로 생겨나는 모든 일이 그렇듯이 내게 일이 너무 많이 몰렸다. 당시 남편은 기획팀에서 일한다며 결혼 준비에서 자연스럽게 배제(?)됐다. 견딜 수 없었다. "내가 분명히 이런 것을 견디기 힘들다고 말했잖아. 내가 당신을 지원하고 백업하는 관계라면 절대 싫다고 했잖아." 자주 그렇게 말했다.

남편을 광화문의 한 식당에서 만난 날, 그에게 물었다. 나는 평생 일을 하며 성장하고 싶고, 가사노동이나 돌봄노동을 전담하며 당신을 백업할 생각은 전혀 없다고, 노력할 생각이 없으면 지금 말하라고 했다. 이런 결혼, 이런 결합이라면 하고 싶지 않다고. 남편은 물끄러미 나를 보며 말했다.

"노력할게."

그날의 풍경이 가끔 떠오른다. 남편은 변명을 하지 않았고,

어쩔 수 없는 것 아니냐며 자신을 합리화하지도 않았다. 그저 인정하고 다짐했다. "내가 다 이해할 수 없는 영역도 있지만 노력할게." 결혼 이후로도 늘 그랬다.

하지만 아무리 성 평등한 남편이라고 해도 우리가 같은 풍경을 보며 살 수는 없다. 사람은 자신이 서 있는 곳에서 세상을 보기 마련이니까. 살아온 삶이 다르니 같은 풍경을 보는 시각도 다르다. 남편은 처음에는 내 시각이 이해가 안 된다고 했다가도 이내 한 발짝 물러서서 생각한다.

"내가 이해 못할 수도 있어. 그렇지만 아마 아영의 말이 맞을 거야. 불평등한 상황에서 기득권보다 소수자인 쪽이 더 오래 생각할 테니까 소수자의 생각이 더 깊겠지. 성 불평등 상황에 대해서도 아영이 더 많이 생각할 테니까 아영의 생각이 나보다 깊을 거라고 생각해."

함께 아이를 낳았는데 회사에서, 사회에서 나와 남편을 다르게 대한다고 느낄 때 나는 분노한다. "남편 술 좀 마시게 해주고 좀 풀어줘라"라는 선배의 농담에 울어버린 적도 있었다. "선배한테 저는 후배가 아니에요?"라는 말을 던진 후였다. 아이를 낳고 몇 년 동안 생각한 질문이기도 했다. 남자 선배들은 왜 내 안부는 궁금해하지 않는가, 아이를 키우는 일이 고되지 않느냐고 왜 내게는 묻지 않는가. 왜 남편이 술을 마시는지 못 마시는지를 걱정하면서 그가 마치 육아에서 한 발짝 떨어져 있는 사람인 것처럼 말하는가.

그날, 남편이 가만히 듣고만 있었던 데서 싸움이 시작됐다.

"왜 선배들에게 그런 말을 하지 말라고 얘기하지 않아?"

남편은 잘못한 사람은 따로 있는데 왜 나한테 그러느냐는 표정이었다.

"나 혼자 싸워야 한다는 거야?"

남편이 남의 일인 것처럼 한 걸음 뒤에서 머리를 긁적거릴 때마다 나는 고립되는 기분이 든다. 이 사람조차 나를 이해하지 못하면 도대체 누구에게 이해를 구할 수 있을까. 그러다 보면 결국 나는 한국 사회의 결혼 제도에 들어가버린 '까다로운 나'를 원망한다.

며칠 후 남편에게서 메시지가 왔다.

"내가 100퍼센트 잘하진 못하겠지만, 아영 말 듣고 많이 생각했어…. 앞으론 더 잘할게."

내가 너무 유난스러운 걸까. 구조가 이런데 개인이 뭘 얼마나 바꿀 수 있다고 남편을 너무 몰아세우는 것 아닐까. 가부장제의 피해자가 여성만은 아닌데 자꾸 남편에게 화살을 날리는 게 무슨 도움이 될까. 그렇게 내가 발을 딛고 있는 땅이 불안하게 느껴질 때면 남편의 말을 떠올린다.

"나는 길을 따라가는 사람이지만, 아영은 길을 비틀어 만들어가는 사람."

남편을 만나기 전 나는 '왜 그렇게까지 과하게 생각하느냐' 는 말을 들을까 봐 늘 전전긍긍했다. 그런 나를 남편은 '길을 만들어가는 사람'이라고 북돋아준다. 내 생각, 감정에 대해 이렇게 전적으로 지지받아본 적이 없다.

'남편'이라고 부르지만 우리는 '파트너'다. 한때는 연인, 지금은 부부, 하지만 우리의 관계는 언제나 평등한 파트너이기를. 때로는 동지처럼, 때로는 친구처럼, 때로는 짝꿍처럼. 우리의 관계를 한두 가지 명사로 규정하지 말자고 다짐한다. 처음 우리를 연결한 것은 사랑이었지만 부모가 되면서는 크고 작은 갈등을 함께 넘으며 동지가 됐다. 성 불평등한 상황에서 내가 상처받으면 남편은 나를 위로했고, 그가 생계부양자의 부담을 느끼면 나는 그럴 필요 없다고, 함께할 것이라고 다짐했다.

작은 아이들을 키우면서 협력해온 시간이 차곡차곡 쌓여 우리를 성장하게 했을 것이다. 먼 훗날 할머니가 되면 쪼글쪼글해진 남편의 손을 잡고 말해주고 싶다. 누구보다 평등하게 아내를 대했고 누구보다 아이들을 열심히 키우려고 했던 내 남편, 또 누구보다 임아영이라는 존재를 이해하려고 노력했던 내 짝꿍. "당신이 남편이라 늘 다행이었고 정말 고마워."

황

:

반짝반짝한 보물들이
가득하길

더 이상 헤어지지 않아서 좋다고 생각했다. 늦은 밤 종종거리며 집으로 들어가는 발걸음을 배웅하지 않아서 좋다고 생각했다. 신혼 생활은 소꿉장난처럼 재미있었다. 싸우는 일도 거의 없었다. 여름에는 찜통이고 겨울에는 수도관이 얼어 터지는 낡은 집에서 시작했지만 아기자기하게 꾸민 우리만의 공간에서 행복했다. 이른 저녁 퇴근해 손을 잡고 집 근처를 한 바퀴 산책하고 있으면 더할 나위 없이 삶이 꽉 차 있다는 느낌이 들었다.

시간이 흘렀고 첫째가 태어났다. 그동안 잊고 있었던, 혹은 내가 남자여서 느끼지 못했던 문제들이 하나둘씩 다가오는 걸 느꼈다. 아내는 가부장제라는 맞지 않는 옷에 자신을 꿰면서 괴로워했다. 그걸 지켜보는 나 역시 괴로웠다.

나는 그렇게 많은 부분이 불편하지 않았다. 혼자 살 때처럼 내 멋대로 널브러져 있는 생활을 못하는 게 가끔 아쉽긴 했지만 그건 둘이 살기로 결심하면서 당연히 감수해야 할 일이었다. 내가 아무것도 하지 않아도 누군가가, 이 사회가 나에게 요구하는 것은 없었다.

그러나 아내는 달랐다. 결혼에서, 육아에서 여성에게 강요되는 건 생각보다 많았다. 나는 집안일을 '도와'도 좋은 남편이 될 수 있었지만, 아내는 집안일을 전담해도 '당연'한 일이었다. 집안 대소사와 부모님을 챙기는 일도 아내 몫이 될 때가 많아서 늘 미안했다.

첫째를 낳고 어느 날, 아내가 침대에 엎드려 엉엉 울었다. 한계에 다다른 것 같다고 했다. 우선은 잠이 문제였다. 유난히 예민했던 첫째는 잠을 푹 자지 않는 날이 많았다. 돌이 다 될 무렵까지도 밤낮을 가리지 않고 길게는 서너 시간, 짧게는 30분마다 깨서 울었다. 때로는 숨이 넘어가는 것처럼 울어서 마음이 조마조마할 정도였다. 아내는 통잠 한번 푹 자보는 게 소원이라고 했다.

아이를 낳고 기르는 일의 모든 걸 함께하겠다고 다짐했지만 내가 할 수 있는 일은 많지 않았다. 모유 수유부터가 그랬다. 아이는 자꾸만 제대로 먹지 못하고 배고프다고 울어대다가 금세 지쳐 잠들어버렸다. 그런 아이의 모습을 보며 발을 동동 구르는 일은 대체로 엄마의 몫이었다. 수유를 처음 한 아내는 유두가 다 헐어서 옷이 스치기만 해도 아프다고 했다.

조금 적응됐다 싶으면 새 미션이 주어졌다. 이유식 시기가 되자 매주 메뉴를 고민해 재료를 준비하고 만들어 먹여야 했다. 매번 잘 먹던 음식도 갑자기 거부해서 애를 태웠다. 점점 엄마를 알아보고 찾기 시작하는 아이를 두고 아내는 외출 한번 제대로 하지 못했다. 방긋 웃는 아이를 보고 행복해했지만, 하루 종일 먹이고 입히고 돌보고 업고 재우고 씻기고 하다 보면 힘은 금방 빠졌을 것이다. 친구나 동료 등 주변 사람들에게서 에너지를 얻는 아내가 집 안에만 갇혀 있어야 하니 얼마나 괴로웠을까. 그 옆에서 나는 어쩔 줄 모르고 허둥댈 뿐이었다.

결혼하지 않았으면 아마 평생 모르고 살았을지도 모른다. 한다고 했지만 늘 내가 먼저 깨닫는 법은 없었다. 아내가 왜 그렇게까지 화가 나는지 한참 설명을 듣고 나서야 이해하는 일도 많았다. 그러면서도 내가 왜 이렇게까지 비난을 받아야 하는지 화가 나는 일도 많았다.

어느 작가님이 쓴 글에서 이런 비유를 봤다. 정확히 기억나지 않고 다시 그 글을 찾을 수도 없어 직접 인용을 할 수는 없지만, 내가 이해한 바를 토대로 요약하자면 이렇다. 처음에 빵이 열 개 있었는데 A가 세 개를, B가 일곱 개를 가져갔다. 그리고 다시 열 개의 빵이 주어졌다. 이때 A와 B는 각각 다섯 개씩 똑같이 빵을 나누는 게 옳은가, 아니면 이전에 주어졌던 빵을 기준으로 A가 일곱 개, B가 세 개를 가져가는 것으로 나누는 게 옳은가. 남자와 여자의 입장이 그렇다는 요지의 이야기였다. 지금 남자들은 다시 주어진 빵을 5대 5로 나누기를 원한다. 여자들은 그건 공정하지 못하다고 말한다. 이 비유를 읽고 명쾌해졌다. 돌이켜보니 지금까지 나는 아내에게 그런 남녀 간의 부조리한 위치를 계속 배우고 있었던 것이다.

사실 나는 늘 비겁했고, 지금도 그렇다. 미국 드라마 〈하우스 오브 카드〉의 주인공은 이렇게 말한다.

"비겁자는 얼굴이 없죠. 늘 줄행랑치고 뒤통수만 보이니."

그랬다. 나는 얼굴이 없었다. 주어진 대로, 시키는 대로만 하고 살았다. 가부장제는 공기와도 같아서 내가 그 안에 들어 있는지도 몰랐고, 가만있어도 별일 없이 편했다. 많은 남성들이 그럴 테지만, 여성들 중에도 안온한 면에 기대 머물러 있는 사람도 있다. 하지만 아내는 자신은 물론이고 나도 그 속에 머물러 있기를 원치 않았다. 자신과 함께 뛰쳐나와 걷길 바랐다.

육아휴직만 해도 그렇다. 과연 나 혼자 결심해서 할 수 있었을까. 아무리 회사가 남성 육아휴직이 가능한 분위기라고 해도 그러지 못했을 것이다. 그런 어렵고 불편한 얘기를 부서장에게 꺼내지 못했을 것이다. 그저 흘러가는 대로, 시키는 대로 일하는 게 편했을 것이다. 아이들을 봐주시던 장모님의 건강 악화도 중요한 이유였지만, 아이들과 온전히 함께 보내는 시간의 소중함과 부부가 함께하는 육아의 당위를 늘 말했던 아내가 아니었다면 내가 육아휴직을 할 수 있다는 생각조차 못했을지도 모른다.

그래서 나는 아마도 완전히 다른 종류의 사람이 되었는지도 모르겠다. 결혼 전과 비교해보면 지금의 나라는 사람은 나와 아내가 함께 만들어낸 다른 종류의 사람 같다. 10년 전, 또는 대학 시절에 나를 본 사람은 내가 이런 글을 쓰는 것 자체를 우습게 여길지도 모르겠다. 부끄러울 정도로 성 인지 감수성이 제로에 가까웠다.

반면에 요즘 어떤 친구들은 나를 '페미니스트'라고 한다. 가

당찮은 얘기다. 나는 영원히 페미니스트가 될 수 없다. 아직도 모르는 것이 많고 서툴다. 여전히 내가 알고 있는 세상은 좁고, 내가 당연하다고 믿는 많은 것들이 깨지는 일을 받아들이는 것도 쉽지 않다. 실수를 반복하고 서로에게 상처를 주고 또 후회하는 날이 계속될 것이다. 우리에게 주어진 이 젊은 날, 육아에 지치고 고민도 많고 할 일도 많고 짜증나고 힘든 일도 많다.

우리의 삶에는 아무리 사소해도 그 일이 벌어진 그때가 아니면 영영 만회할 기회가 없는 일이 생각보다 많다.

그저 어제도 오늘도 하루하루 깨달으면서 고치고 다듬을 뿐이다. 그 과정을 같이하는, 가장 친한 친구이자 동반자이자 인생을 함께 만들어가는 사람이 바로 아내다. 버거울 때도 많지만, 지금이 아니면 지나갈 아이들과의 순간순간에서 더 나아지고 더 나아갈 수 있다는 믿음을 얻는다. 아내와 나는 함께 아이들의 가장 반짝이는 순간을 수집하는 인생 탐험대다. 가끔 아내는 이렇게 말한다. 다시 태어나도 결혼하자고. (대신 남자는 자기가 하겠다는 말과 함께.) 맥주 한잔 하면서 두런두런 대화를 나누는 순간들, 조그맣고 귀여운 첫째와 둘째를 껴안고 잘 수 있는 이 순간이 정말 소중하다.

가끔 한밤중에 깬 아내가 잠에 취한 채로 "남편 어디 있어?" 하고 찾는다. 잠이 오지 않아 거실에 나와서 책을 읽거나 텔레비전을 볼 때다. 잠이 덜 깬 눈을 비비며 나를 찾아오는 아내를

바닷가에서 네 가족

남편의 복직 전 휴가를 간 바닷가에서 포즈를 취했다. 멀티플레이가 안 되는 남편과
끝까지 마무리하기 힘들어하는 아내가 만나 네 가족이 되었다. 서로는 답답해 하지만
남편의 장인정신과 아내의 빠른 판단이 결합하면 일의 완성도는 점점 좋아질 것이다.

보면 이상하게 가슴이 뭉클하다. 일상의 작은 순간들이, 아이들과의 작은 눈 맞춤이 삶을 나아가게 한다. 언젠가 먼 훗날 우리의 주머니를 열어보면 이 순간 모았던 반짝반짝한 보물들이 가득하길.

임

:

하루하루
더 돌보는
존재가 된다는 것

코로나19로 아무 데도 나갈 수 없는 주말. 늦게 일어나 빨래부터 돌려놓고 아이들 아침을 챙겨준 뒤, 오랫동안 벼르고만 있던 책 정리를 시작했다. 첫째가 이제 초등학교 2학년이 됐는데 여전히 유아용 책이 많아서다. 세 박스 분량의 책을 도서관에 보낼 수 있도록 정리하고 나니 벌써 점심시간. 야채볶음밥을 해서 다 같이 점심을 먹고 설거지를 했다. 몇 시간을 서 있었을까. 휴일에도 쉴 수 없다. 휴일은 가사노동과 돌봄노동이 범벅된 날이랄까. '아 쉬고 싶다.' 그 생각 끝에 드디어 설거지를 마치고 잠시 앉았다. 그 순간 '띠리링' 건조기가 다 돌아간 소리가 들린다. 빨래를 개는데 둘째가 다가와 안기겠다며 다 개놓은 수건들을 흩뜨린다. "아, 이준아 안 돼!" 소리를 질렀지만 아이는 아랑곳하지 않는다. "엄마가 좋아서 그런 거야." 천연덕스럽다.

책장을 정리하다가 오래전 첫째가 네 살 때 했던 대한민국 지도 퍼즐을 찾아냈다. 퍼즐 조각들은 도별로 나뉘어져 있었다.

"우리가 사는 곳은 어디지? 여기 서울특별시야. 구미 할머니 사시는 곳은? 여기 경상북도야."

첫째의 퍼즐을 이제 둘째가 맞춘다. 아이들이 남편과 잠시 노는 것 같아서 그 틈을 타고 거실 탁자에 앉았다. '엄마도 하고 싶은 일 좀 하자.' 다 읽은 책에 대한 생각을 좀 정리하고 싶어서 노트북 전원 버튼을 눌렀다. 메모장에 주말에 하고 싶은 일을 적어놓지만 늘 '하고 싶은 일'일 뿐이다. 아이들은 엄마가 '하고 싶은 일'을 할 시간을 주지 않는다.

"엄마 의자 뒤에 앉을래."

둘째가 와서 내 등에 탁 달라붙는다.

"아빠, 나 엄마 뒤에 탔어!"

자전거도, 승용차도 아니지만 아이는 내 등에 매달려 어디론 가 달려간다. 아이들이 상상 속에서 어디론가 달려가는 걸 바라 보다가 나도 모르게 웃고 있는 날 발견한다. 등에 매달린 둘째 의 체온이 따뜻하다.

2012년 12월에 엄마가 되고 벌써 만 7년이 지났다. 가끔 생 각한다. 내 인생을 가장 크게 바꾼 이름 '엄마'. 육아는 성인이 아직 독립하지 못하는 존재들을 키우는 일인 줄 알았는데 그건 착각이었다. 육아는 작은 아이들이 나를 웃게 하는 일, 그리고 작은 아이들이 나를 키우는 일이었다.

아이들은 이제 둘이서도 잘 논다.

"따르릉 따르릉."

둘째가 옆에 있는 '형아'에게 전화를 건다. 첫째가 로봇을 조 립하느라 대답하지 않자 둘째가 말한다.

"형아, 내가 전화 걸잖아~"

"지금 이거 하고 있잖아, 잠시만."

둘째는 포기하지 않고 다시 전화를 건다.

"따르릉 따르릉."

형아는 이제 대답해준다.

"여보세요?"

"형아, 난 아직도 차에 있어. 곧 내릴 거야. 도착하는 게 오래
걸려서. 끊어!"

여전히 내 뒤에 매달려 있는 둘째가 전화를 끊고선 내게 말
한다.

"형아 오고 있대."

'형아 바라기'인 둘째는 어느 날 아침부터 엉엉 운 적이 있다.
아침에 일어나서 첫째가 내 등에 착 달라붙기에 "와 잘됐다~
두진이 엄마 등에 붙었으니까 회사에 데리고 가야겠다~"라고
한 뒤였다. 둘째는 갑자기 이불에 얼굴을 묻고 엉엉 울기 시작
했다.

"왜? 우리 이준이 왜 울어?"

3~4초 지났을까. 울던 둘째가 말했다.

"형아 회사 가면 같이 못 놀잖아."

어쩜 이렇게 형아를 좋아할까. 능력도 없으면서 둘이나 낳은
것은 아닐까 가끔 자책하던 내게 둘째는 큰 선물이다. 여전히
내 등에 매달려 이곳저곳에 전화를 걸던 둘째는 중국집에도 전
화를 건다. 따르릉 따르릉.

"엄마, 짜장면 아저씨가 그러는데 배달이 뒤죽박죽 하고 있
대."

갑자기 짜장면을 시키는 것도 웃기지만 '뒤죽박죽'이라는 단어는 어디서 알았을까. 둘째는 수다쟁이다. 쉴 새 없이 떠들고 재밌는 말도 많이 한다. 지난 주말, 장난감을 꺼내달라는 이준이의 말에 남편이 "조금만 있다가"라고 했다가 한바탕 잔소리를 들었다.

"아빠는 항상 이따가, 이따가, 라고 하잖아. 이따가, 이따가, 이따가!"

다섯 살 꼬마가 따지기도 잘 따진다. 그러다가도 까르르 웃을 때면 남편과 나는 분주해진다. 그 웃음소리를 저장해두고 싶어 스마트폰을 찾느라.

"이준아, 웃어봐!"

아이들이 태어나고 나는 겨우 '현재'를 살게 됐다. 20대 때는 걱정이 많은 만큼 불안했다. 대학 입학 후에도 취업 전쟁을 치르면서 마음이 편했던 적이 언제였을까. 두려웠다. 삶을 잘 꾸려가는 일이. 과거를 돌아보며 후회한 적도 많았다. '아, 그때 이렇게 했으면 어땠을까.' 마흔을 코앞에 둔 지금은 20대의 나에게 말해주고 싶다. 과거는 이미 지나왔고, 미래는 아직 오지 않아 손에 닿을 수 없는 시간들이라고. 그러나 '현재'는 숨을 쉬는 지금 이 시간이라고.

내 호흡에 집중하면 나를 둘러싼 사람들이 보인다. 엄마를 절대적으로 사랑하는 아이들과 성격 급한 아내를 잘 다독여주는 남편, 딸의 성취가 무너지지 않도록 물심양면 도와주고 싶어 하시는 부모님까지.

나를 이렇게 바꾼 건 8할이 아이들이다. 작은 아이들이 내게 행복한 순간을 자주 가져다줘서다. 둘째가 크는 것을 아쉬워하는 내게, 둘째가 말했다.

"엄마, 내가 크면 우리 집에 아기가 없는 거야?"

눈을 반짝반짝 빛내며 묻는, 아직 아기 티를 벗지 못한 아이가 엄마의 아쉬움을 벌써 알아본다.

마트에서 과자를 사가지고 돌아오는 어느 날이었다.

"밥 먹고 과자 먹기로 약속한 거야. 알지?"

아이는 씩씩하게 대답한다.

"응, 엄마랑 밥 먹고 과자 먹기로 했잖아."

"아이고, 우리 이준이 이렇게 착한 꼬마네."

거기까지만 해도 충분히 행복한데 아이는 한마디를 덧붙인다.

"내가 엄마 뱃속에서 나온 착한 아이잖아."

아이는 자신과 내가 연결돼 있다는 것을 아는 걸까.

한번은 이렇게도 말했다.

"이준이 엄마 뱃속에서 왔지. 근데 이제 작지 않아. 작아야 들어갈 수 있는데, 힝."

코를 찡긋하며 아쉬움을 표현하는 아이의 얼굴은 너무 예쁘다.

언젠가는 남편이 돈이 없다고 하자 호쾌하게 이런 말도 했단다.

"아빠, 내가 돈을 사줄까?"

겁이 많은 첫째는 충치 때문에 치과에 갔지만 진료 의자에 눕지 못해 치과 2곳에서 치료를 거부당했다. 한 번은 주말에, 한 번은 남편이 연차를 내고 다녀온 치과였다. 그날 퇴근한 나는 화가 나 있었다.

"두진아, 무서운 건 당연하지만 계속 피할 순 없는 거야. 맞서야 하는 날도 있는 거라고."

단호한 내 말을 듣고 난 다음 날, 할아버지 할머니와 세 번째로 간 치과에서 첫째는 또 한 번 진료 의자에 눕지 못했다. 그렇게 허탈하게 집으로 돌아가려던 순간, 첫째가 치과 입구 앞에서 주저했다고 한다. "계속 피할 순 없는 거야"라는 내 말이 생각나서였을까. 다행히 용기를 낸 아이는 되돌아가 진료 의자에 누웠고, 무사히 진료를 받았다고 했다.

그로부터 한 달쯤 지났을 때, 나도 충치가 생겨 진료를 받게 됐다. 치과는 어른도 가기 싫은 곳이다. "엄마도 치과 가기 싫다"라고 하자 첫째가 내게 말했다.

"엄마, 계속 피할 순 없는 거야."

내가 했던 말을 이렇게 돌려주다니. 그 주 주말, 아이들과 함께 치과에 갔다. 내가 진료 의자에 누울 차례가 되자 첫째는 자신의 오른팔을 힘차게 들었다 내리며 "파이팅!" 하고 외쳤다. '아이고, 자기나 잘하지.' 속으로 생각했다. 그러나 느꼈다. 내 눈은 웃고 있다는 걸.

아이들을 향한 내 사랑보다 나를 향한 이 작은 아이들의 사랑이 더 절대적인 것은 아닐까. 언젠가 내 몸이었던 아이들이 내 몸 바깥으로 나와서는 사랑한다는 말을 연신 건넨다.

"엄마가 너무 좋아. 너무너무 좋아."

설거지를 하고 있는 다리에 매달리고, 책을 읽고 있는 목을 끌어안는다. 나를 끌어안는 작은 팔을 쓰다듬을 때면 세상이 다 내 것 같다. 회사를 가기 싫은 날에도 문득 생각한다. 이 작은 아이들에게 밥을 먹이기 위해 사는 것은 아닐까. 이제 내게는 세상의 질서를 바꾸고 싶었던 20대 때의 거창한 마음은 줄어들고 아이들에게 밥을 먹이는 소명감만이 남은 것은 아닐까. 그러나 매일매일 꾸준하게 사는 것은 또 얼마나 소중한가. 이제 아이들에게 알려주고 싶은 것은 세상의 질서를 바꾸기 위한 거창한 논리가 아니라, 매일매일 성실하게 사는 힘이 됐다.

그러다 아이들을 안고 돌아보는 세상은 자주 아득하다. 코로나19 시대에 집에 갇혀 있는 아이들이 '코로나 무찌르기 놀이'를 한다.

"엄마, 코로나는 왜 오는 거야?"

둘째의 말에 첫째가 용어를 정정해준다.

"코로나가 아니라 코로나19야!"

이 사태가 좀 잠잠해지면 또다시 미세먼지를 걱정해야 할 것이다. 아이들의 말에서 사회의 모순을 체감하게 될 때면 어른으로서 미안하다. 주차장에서 나오는 차를 피하던 둘째가 말했다.

"엄마, 왜 사람들이 인도를 많이 안 만들고 찻길을 많이 만들었어? 다니기 힘들게."

작은 아이를 번쩍 들어 안았다. 위험한 땅과 아이를 떼어놓고 싶어서.

크리스마스를 앞둔 어느 날, 둘째와 이를 닦다가 "이준이가 이를 참 잘 닦는다고 산타할아버지한테 말씀드려야겠다"라고 했더니 아이가 눈을 동그랗게 뜨며 물었다.

"엄마, 산타할아버지한테 어떻게 얘기해?"

"트리에 대고 말하면 돼~"

그랬더니 예상치 못한 답변이 돌아왔다.

"트리에 CCTV가 있어?"

CCTV는 어떻게 알았느냐고 물었더니 텔레비전에서 봤다는 답이 돌아왔다. 더 크면 어린이집 선생님들이 CCTV 감시 속에서 하루하루를 보내는 현실도 알게 되겠지. 왜 서로를 믿지 못했느냐고 물어보면 어떤 답을 할 수 있을까.

어느 날 첫째가 물었다.

"엄마, 기차 타고 유럽까지 갈 수 있어?"

수업시간에 역사를 배웠다고 했다.

"원래는 갈 수 있는데 지금은 북한 땅을 지나갈 수 없어서 못

가. 언젠간 꼭 기차 타고 유럽에 갈 수 있으면 좋겠다."

아이는 다시 묻는다.

"북한이랑은 왜 전쟁했어?"

초등학교 1학년에게 설명하기엔 너무 벅찬 역사. 두세 마디로 설명하고서는 다른 화제로 말을 돌렸다.

아득하다고 불안해하기만 할 순 없다. 나는 이제 엄마니까 더 단단해져야 한다. 아이들을 키우면서 나는 인생을 두 번 살게 될 것이다. 아이들이 중학생이 되고, 고등학생이 되고, 입시를 치르고, 대학을 다니고, 취업을 하고, 인생의 어느 단계를 밟아나갈 때마다 같이 가슴 졸이고 걱정하고 또 뿌듯해할 것이다. 내가 지나온 인생을 돌아보고 아이들의 인생을 응원하면서.

지난 1월에는 아이들이 열흘간 구미에서 시간을 보냈다. 아이들이 없는 평일 저녁은 할 일이 없었다. 지난 주말엔 거의 10년 만에 남편과 단둘이 설악산 케이블카를 타러 갔다. 아이들 없이 여행을 가니 너무 가뿐했다. 챙길 사람이 없었다. 그러다 케이블카를 타고 권금성에 올라가서 깨달았다. 우리 아이들 또래의 아이들을 데려온 다른 부모들이 많았다. 지금 내가 가뿐하다고 느끼는 건 아이들이 '잠시' 없어서이구나. 모두가 부모가 되어야 하는 것은 아니지만 내 욕망은 한결같았다. 나는 엄마가 되고 싶었다. 세상이 여전히 엄마 몫이라 말하는 일들이 버거웠을 뿐.

이제 아이들이 없는 삶은 상상도 하고 싶지 않다. 아이들을

오늘, 지금, 이 순간의 소중함

첫째와 지하철에서 익살스러운 표정을 함께 지어봤다.

지금보다 어렸을 때는 과거에 집착했고 미래를 불안해했다.

아이들을 키우면서 나는 '현재'를 살게 됐다.

내가 아이들을 키우는 게 아니라 아이들이 나를 살게 한다.

돌보며 누군가를 돌보는 삶을 배우고 있다. 아이들이 성장하는 만큼 나와 남편은 더욱더 돌보는 존재가 되어갈 것이다. '너희들이 나중에 누군가를 돌보게 되었을 때, 엄마 아빠가 생각날 거야. 유세를 하려는 건 아니고, 그냥 엄마 아빠도 그랬으니까.'

애교쟁이 둘째에게 가끔 묻는다.

"엄마 아빠 중에 누가 좋아?"

교육상 좋지 않은 질문이라지만 대답이 재밌어서 또 한다.

"둘 다~"

"엄마 아빠 중에 한 사람만 골라봐."

"둘 다라니까~"

다시 질문을 바꾼다.

"그럼 엄마가 제일 좋을 때는 언제야?"

둘째는 활짝 웃으며 말한다.

"지금!"

아이들이 내 곁에 오고서야 '지금'을 살게 됐다. 내가 아이들을 키우는 것이 아니라 아이들이 나를 살게 한다. 지금 순간순간을.

황

:

아이를 통해
나를 돌아보는 일

잠자리에 누우려고 준비 중이던 둘째는 갑자기 내 오른 팔뚝을 딱 잡았다. 미간을 찌푸리며 특유의 심각한 표정을 짓더니 이렇게 말했다.

"시므장은 왜 안 떼?"

무슨 말인지 알 수가 없었다.

"뭐라고? 무슨 말이야?"

여러 번 물어봐도 "시므장 왜 안 떼?" 똑같은 말만 돌아온다. 급기야 아이는 울 것 같은 표정으로 외친다.

"시므장, 시므장 왜 안 떼냐고!"

한참 동안 이 말 저 말을 다 해보다가 알았다. '시므장'은 '심장'을 얘기하는 거였다. 전날 엄마가 가르쳐준 대로 자기의 심장 뛰는 소리를 느끼고 싶었던 것이었다. 녀석의 오른손을 잡아 왼쪽 가슴팍에 지그시 대주었다.

"심장 뛰는 소리 들려?"

아이는 그제야 싱긋이 웃는다. 덕분에 나도 녀석의 심장 뛰는 소리를 느꼈다. 콩닥, 콩닥, 콩닥… 빨리도 뛴다. 아이들은 뭐든 보면 설레서 그런지 심장도 많이 뛴다. 뭐가 그리 늘 재밌고 즐거운지 걸어야 할 때도 뛰고, 뛰어야 할 때도 뛴다. 숨이 턱 끝까지 차서 헐떡거리면서도 뛴다. 어른들은 뛰어야 할 때도 걷는데. 한참 동안 녀석의 심장박동을 느껴본다. 묘한 안정감을 얻는다.

지금보다 더 젊었을 때, 아니 어렸을 때는 그랬다. 저녁 무렵이 되면 일없이 허무할 때가 많았다. 뭔가 미치도록 그리운 것 같은데 막상 떠오르는 건 없었다. 누군가를 굉장히 만나고 싶다가도 막상 만나려고 전화기를 집어 들다 보면 귀찮아졌다. 늘 보이지 않는 무언가를 열망했다. 과도한 기대와 바닥이 없는 체념을 오갔다. 헛헛한 속은 술로 달랬다.

요즘은 그런 생각이 들 틈이 잘 없다. 첫째와 둘째, 이 녀석들이 내 삶 속에 꽉 차 있다. 단순 명료하던 것들은 날이 갈수록 흐릿하게 자꾸 손에 잡히지 않는다. 소중한 것들은 휙휙 지나쳐 간다. 챙겨야 할 일들은 늘어났다. 안 그래도 처리 용량이 코딱지만 한 나는 자주 렉에 걸리거나 시스템 자체가 다운되고 만다. 세상에는 정말 어쩔 수 없는 일들이 많다는 걸 느낄 때면 아예 전원 버튼을 눌러서 일어나고 싶지 않아질 때도 있다.

그럴 때면 첫째나 둘째를 일없이 꼭 껴안는다. 이상하게도 마음이 가라앉는다.

가끔은 못된 생각도 든다. 예전 우리 아버지, 어머니들도 그런 생각을 했을까. 아이들이 커가는 모습을 지켜보다 보면 어느새 늙어버린 것 같다. 내 삶은 아이들을 키우면서 그저 증발돼 버리는 건 아닐까 하는 조바심도 든다. 그러다가도 서툰 글씨로 '아빠 사랑해'를 쓴 편지를 내미는 첫째를 보며 가슴이 뭉클해진다. 그동안 내가 이런 종류의 감정을 느껴본 일이 있었을까.

시판 소스에 아무렇게나 볶아준 스파게티를 모조리 먹어치우는 둘째의 입을 바라보며 생각한다. 어차피 게을러서 맨날 낭비하던 인생을, 이 녀석들이 아니었다면 무엇으로 채웠을까.

육아휴직을 하면서 아이들을 돌보는 일은 지난한 육체노동이기도 했다. 늘 반복되는 일은 체머리를 흔들게 만들기도 한다. 아마 육아 중인 사람들에게 가장 번거롭고 귀찮은 일이 무엇인지 묻는 설문조사를 한다면 (다들 순위가 다르겠지만) 밥 먹이기, 등원(등교), 양치와 몸 씻기기, 가습기 물 갈아주기, 놀아주기, 밖에서 쫓아다니기(위험해서) 중에서 하나쯤에는 반드시 손을 들 것이다.

나는 '물병 씻기'가 제일 귀찮았다. 하루라도 안 씻으면 뿌옇게 물때가 낀다. 시커먼 곰팡이는 눈에 보이지 않는 구석구석에서 암약하고 있다. 아이들 물병은 빨대와 뚜껑을 분해하고 씻어서 말리고 다시 조립하는 일을 반복해야 하는데 여간 귀찮은 일이 아니다. 저녁에 퇴근해서 물통을 씻고 나서야 비로소 하루 일과가 끝난 느낌에 마음이 편해진다. 그러나 씻은 물병에는 머지않아 다시 물이 담긴다.

시시때때로 창궐하는 물때와 곰팡이야말로 일상의 상징이다. 하루하루 닥쳐오는 일상 속에서 생사를 다툴 만큼 큰일은 잘 일어나지 않는다. 찬란한 기쁨이나 가슴 뛰는 즐거움도, 견디지 못할 분노나 끝이 없는 한숨도 잘 없다. 그저 작은 틈을 메우는 매일의 과업이 주어질 뿐이다.

첫째의 유치원 소풍날 아침에 김밥을 싸다가 갑자기 눈물이 난 적이 있다. 어머니가 생각나서였다. 학교에서 급식이 시작되기 전인 고등학교 2학년까지 어머니는 점심·저녁 두 개씩의 도시락을 매일 챙겨주셨다. 겨우 한 달에 한 번 도시락을 준비하면서도 이렇게 진이 빠지는데 어머니는 어떻게 그 오랜 날을 견뎌냈을까. 일까지 하시면서. 언젠가 이런 말을 했더니 어머니는 "그걸 인제 알았냐" 하시며 웃으셨다. 살짝 눈물이 맺힌 눈으로.

육아는 머리 한쪽이 지끈지끈 아픈 뭉근한 감정노동이기도 하다. 늘 마음 한구석에 불안이 존재한다. 어느 날 뒤에서 미는 손잡이가 달린 세발자전거에 둘째를 태워서 오는데 한 중년 여성이 말을 걸어왔다.

"아이들이 걸어 다니면서 이것저것 보고 만지고 사물을 느껴야지 지능 계발이 잘된대요."

웃으면서 말씀하셨지만, 아무래도 충분히 걸어 다닐 수 있을 것 같은 다 큰 녀석을 유모차 같은 것에 태워서 가는 모습이 별로 마음에 들지 않으셨던 것 같다.

"네, 제가 힘들어서요."

그날따라 짐도 많아서 낑낑댔던지라 불쑥 화딱지가 나 통명스럽게 대꾸했다. 그러면서도 불안감이 피어올랐다. 또래 아이들을 보면 다들 걸어서 등·하원을 했다. '이 녀석, 너무 약하게 키우는 거 아닌가.' 금세 마음이 무거워진다.

덧셈 뺄셈에 서투른 첫째의 모습을 보고 공부를 너무 안 시켰나 하는 생각도 든다. 반대로 실컷 뛰어놀게 해주지 못하는 건 아닌가 걱정도 된다. 첫째의 또래 친구들이 자전거를 능숙하게 타는 모습을 보면 '진작 가르쳤어야 하나' 하며 자책한다. 부모는 늘 무한책임이다. 한 엄마는 동네 할머니가 아이 이마에 모기 물린 걸 보고 엄마가 아이를 제대로 못 봤다는 식으로 말하는 걸 듣고 속상했다며 이렇게 말했다. "내가 얼마나 애지중지 키우는데…."

맞다, 정말, 얼마나 애지중지 키우는데. 애지중지 키우지만 뭔가 부족한 것 같으면 모든 게 다 내 책임인 것만 같다. 안 해주려고 안 해준 게 아닌데…. 가진 게 많아야 불안이 많다는데, 별로 가진 것도 없는 내가 세상에서 제일 중요한 보물단지를 껴안게 됐다.

내가 아이들에게 상처를 주고 있지는 않을까 싶을 때가 가장 괴롭다. 아이들은 당연하게도 말을 안 듣는다. 내 아이들이지만 엄연한 타인이라는 사실을 자주 잊는다. 마음대로 따라주지 않는 것에 속상하다. 한 번, 두 번 말하다가 결국은 짜증을 내고 화를 내고 소리도 지른다. 그리고 나면 내가 이 정도밖에 안 되는 사람이었나 하는 자괴감에 빠진다. 늘 내 바닥을 들여다보는 일의 연속이다.

그럼에도 타인을 돌봄으로써 느끼는 그 어떤 뭉클한 감정이 아니었다면 오늘날의 나는 반쪽뿐이 아니었을까 하는 생각을 한다. 아이들을 돌보는 일은 나를 돌보는 일이기도 하다. 아무런 보답을 생각하지 않고, 그저 내 몸이 아닌 타인을 챙기고 닦이고 먹이고 입히는 그 행위는 어쩌면 인간의 영혼을 씻어주는 종교의식과도 같다는 생각을 한다. 강제윤 시인은 암 투병을 하는 어머니를 돌보며 느꼈던 점을 페이스북에 이렇게 적었다. 내가 표현하지 못했던 그 마음을 너무나도 정확하게 표현했다.

"아침, 병상에서 어머니의 변을 보게 하고 기저귀를 갈고 또 미음을 떠먹여드리면서 알았다. 경험은 없지만 이게 바로 아이를 기르는 일과 같겠구나. 육아와 같겠구나. 그래서 문득 드는 생각. 육아는 단지 아이를 기르는 일이 아니구나. 사람을 살리는 일이구나. 목숨을 살리는 일이구나."•

한번은 학교에서 첫째가 친구들과 잘 어울리지 못한다는 얘기를 들었다. 내성적인 녀석이 친구들에게 먼저 다가가 말을 걸고 놀자고 얘기하는 걸 두려워하는 것 같았다. 집에서도 녀석은 만화를 틀어달라고 할 때조차도 매우 조심스럽다. 주말 외에는 영상을 보지 말자는 규칙을 정했더니, 무척 보고 싶을 때도 몸을 배배 꼬기만 할 뿐 좀처럼 '보고 싶다'는 말조차 꺼내지를 못

• https://www.facebook.com/jeyoon.kang.7/posts/2732242470204992

한다. 거절당하는 걸 유난히 두려워하는 아이다.

어쩌면 당연하다. 나를 닮았다면, 내가 그러니까. 나 역시 사람들에게 다가가 얘기하는 걸 무척이나 어려워한다. 많이 나아지긴 했지만 어른이 되어 일을 하면서도 가장 힘든 것이 일면식도 없는 사람들에게 전화를 해 코멘트를 부탁하는 일이다. 그런 내 모습을 녀석에게서 발견할 때면 답답하기도 하고 마음이 아프기도 하다. 기질이 그렇다는 생각이 들면서도, 내가 그렇게 자신감 없는 아이로 키웠나 하는 고민이 밀려온다. 기질을 물려준 것도 미안하고, 그걸 또 증폭시킨 것도 미안하다. 아빠로서 미안하고 또 미안하다.

녀석을 보면서 나의 지난날을 돌이켜본다. 녀석에게 친구들이 없진 않을 것이다. 나 역시도 그랬다. 내가 먼저 다가간 적은 손에 꼽지만, 늘 좋은 친구들이 있었고 먼저 말을 걸어주었다. 낯선 동네의 중학교에 입학했을 때, 처음 일주일 정도는 점심시간에 혼자 밥을 먹었다. 내가 다니던 초등학교에서 그 중학교에 간 아이는 그 반에 나 혼자뿐이었기 때문이었다. 학교 가기 싫다고 맨날 징징댔던 기억이 난다. 하지만 그때도 내게 먼저 같이 먹자고 말해준 녀석들이 있었다. 그 녀석들이 아니었다면 나는 어떻게 됐을까. 생각해보면 무척 고마운 일이다.

인생의 순간마다 먼저 손을 내밀어준 친구들을 떠올린다. 많이 다독여주겠지만, 아마 기질상 첫째가 먼저 손을 내밀 수 있

언제나 네 곁에 서 있는 아빠이기를

파도를 무서워하는 첫째를 업고 바닷물에 들어갔다.
아빠의 성격을 빼닮은 녀석이 앞으로
세상을 마주하고 느낄 두려움을 어렴풋이 짐작한다.
녀석과 함께하는 시간 동안 그 두려움을 함께 나누고 싶다.

292

는 사람으로 커가기는 다소 어려울 수도 있을 것이다. 쑥스러움
도 많고, 부끄러움도 많고, 발산하기보다 내면으로 먼저 수렴하
는 녀석이다.

하지만 첫째의 인생에도 좋은 사람이 많을 것이다. 많길 기도
한다. 녀석의 선한 기질을 알아주고, 손 내밀어주고, 등 두드려
주고, 함께 술잔도 기울일 그런 좋은 친구들 말이다. 나는 늘 친
구들에게 '무정한 놈'이라는 소리를 듣는데, 내일은 꼭 한 놈에
게라도 전화를 해야겠다. 그 고마운 녀석들 중 한 놈에게라도
말이다.

소중한 하루하루가
평범하게 주어지기를

아이들은 이제 조금씩 삶과 죽음을 알기 시작했다. 만남과 헤어짐에 담긴 서글픔을 조금 이해할 줄도 안다. 공룡에 푹 빠진 둘째는 공룡이 멸종해서 이제 더는 지구상에 살지 않고, 그래서 만날 수 없다는 사실이 세상에서 가장 슬픈 아이다.

어느 날 자기 전 둘째는 내게 자꾸만 공룡을 보려면 무슨 차를 타고 가면 되는지 물었다. 나는 차가 아니라 타임머신을 타야 한다고 대충 둘러댔다. 그랬더니 타임머신은 어디서 어떻게 타야 하느냐고 묻는다.

"타임머신은 이 세상 누구도 아직 만들지 못했어. 네가 나중에 커서 만들어볼래?"

녀석은 그러겠다고 고개를 주억거리더니 말한다.

"아빠, 아빠도 내가 만들 때까지 살아 있을 거지?"

말문이 막혔다.

한 달 전 아버지가 돌아가시면서 아이들은 조금 더 죽음을 가깝게 체험했다.

아버지의 병세가 급격히 악화하면서 나는 육아휴직을 한 번 더 냈다. 두 아이를 데리고 고향에 내려와 머물면서 홀로 고생하셨던 어머니와 교대로 아버지의 병구완을 했다. 하루걸러 한 번은 아이들을 데리고 병원에 가서 아버지를 뵈었다. 아버지는 기력이 없어 졸고 계시다가도 아이들만 가면 벌떡 일어나 웃으며 맞이하셨다. 내가 됐다고 하는데도 음료수라도 한 개 꺼내서 주라고 매번 성화다. 첫째 녀석은 아버지가 돌아가신 뒤 일기에 이렇게 적었다.

"할아버지는 우리가 병원에 가면 참 좋아하셨습니다."

이 구절을 휴대전화에 찍어 두고 몇 번씩이나 되풀이해서 읽었다. 아버지가 돌아가시고 난 뒤 마음이 울적해질 때마다 그랬다. 아이들을 돌보면서 아버지의 병간호를 하는 일은 쉽지 않았다. 때로 나 자신을 거꾸로 뒤집어보게 만들었다. 이런 생활을 언제까지 해야 하나 하는 생각이 들 때면 '인간 실격'이란 소설 제목이 떠올랐다. 그럼에도 '마지막 날들을 손주들과 함께하게 해드려서, 한 번이라도 더 웃으시지 않으셨을까' 하는 조그마한 위로가 나에게는 남았다.

아버지의 죽음을 맞닥뜨리고 나서 멍하니 내 삶을 다른 사람의 것처럼 들여다보는 일이 잦아졌다. 행복과 즐거움은 인생의 아주 짧은 순간에 스치듯 지나간다는 것을 다시금 곱씹는다. 매 순간 최선을 다해 행복해지기 위해 노력하지 않으면 모래알처럼 그 순간이 손아귀를 빠져나간다는 사실도.

삶이 행운이라면 매 순간이 행운이며 또 소중하다. 육아휴직을 하면서 품은 거창한 포부도 그랬다.

"아이들과의 다시 못 올 이 짧은 행복한 순간을 눈과 마음에 담아놓자."

순간을 담고 싶었다. 아이들과 함께 하는 찰나의 기쁨과 행복의 순간을 잘 갈무리해뒀다가 나중에 꺼내 보고 싶었다.

내가 아이들을 바라보는 순간에, 아이들 역시 조금씩 변한다. 잘 이해한 것인지는 모르겠으나, 양자역학은 관찰하는 순간 대상의 성질이 변한다고 설명한다. 아이들 역시 마찬가지다. 내가 애정을 갖고 바라보지 않았다면 보이지도 않고, 아이들 역시 느끼지도 않았을 순간이 내가 지켜보고 머리를 쓰다듬어주고 몇 마디를 주고받으면서 그 순간은 입자가 파동이 되고, 파동이 입자가 되는 극적인 순간을 맞는다. 내 마음속에도 아이들의 마음속에도 아마 그 순간은 깊이 남을 것이다.

냉장고 안에는 아버지가 아이들에게 건네주셨던 포도주스 한 병이 그대로 남아 있다. 주스 병을 가만히 들었다 놓아본다. 이제 내 곁에 계시지 않는, 아버지가 오래전 나를 바라봤을 그 '순간'도 떠올려본다. 당신의 오토바이에 나를 태운 뒤, 핸들을 잡고 폼을 잡는 아들의 모습을 필름에 담는 아버지를 생각한다. 아버지도 나름대로 순간을 담으려고 노력하셨을 것이다. 돌아가실 즈음, 아마 그 순간들을 떠올리시지는 않으셨는지 조심스레 추측해본다.

　육아휴직은 내게 여러 의미가 있었다. 그중에서도 내가 더 많은 순간을 음미하고 느끼면서 담을 수 있게 해주었기에 무엇보다 값진 선택이었다. 앞으로도 아내와 아이들과 그렇게 살아가려 한다. 순간을 담으려고 노력하면서. 그리고 아버지를 잃은 후 그 '하루'가 얼마나 소중한지 더 깊이 깨닫는다. 많은 아빠들에게도 이런 '소중한 하루하루'가 평범하게 주어지기를 희망해본다. 황

아빠가 육아휴직을 결정했다

ⓒ 2020 임아영 황경상

초판 발행   2020년 10월 26일

지은이   임아영 황경상
펴낸이   김정순
편집   허영수 한의영
디자인   이강효
마케팅   양혜림 이지혜

펴낸곳   (주)북하우스 퍼블리셔스
출판등록   1997년 9월 23일 제406-2003-055호
주소   04043 서울시 마포구 양화로 12길 16-9(서교동 북앤빌딩)
전자우편   editor@bookhouse.co.kr
홈페이지   www.bookhouse.co.kr
전화번호   02-3144-3123
팩스   02-3144-3121

ISBN 979-11-6405-078-9 03590

이 도서의 국립중앙도서관 출판예정도서목록(CIP)은 서지정보유통지원시스템 홈페이지
(http://seoji.nl.go.kr)와 국가자료종합목록 구축시스템(http://kolis-net.nl.go.kr)에서
이용하실 수 있습니다. (CIP제어번호 : 2020041160)